安全生产知识百点通丛书

劳动防护知识百点通

主　编　未宗帅　张笑璇
副主编　柴文浩　李慕晨

U0311872

中国劳动社会保障出版社

图书在版编目（CIP）数据

劳动防护知识百点通 / 未宗帅，张笑璇主编 . -- 北京：中国劳动社会保障出版社，2024

（安全生产知识百点通丛书）

ISBN 978-7-5167-6434-3

Ⅰ.①劳…　Ⅱ.①未…②张…　Ⅲ.①安全防护 - 基本知识　Ⅳ.①X924.4

中国国家版本馆 CIP 数据核字（2024）第 093219 号

中国劳动社会保障出版社出版发行

（北京市惠新东街 1 号　邮政编码：100029）

*

北京汇林印务有限公司印刷装订　　新华书店经销

880 毫米 ×1230 毫米　32 开本　4.75 印张　108 千字

2024 年 6 月第 1 版　　2024 年 6 月第 1 次印刷

定价：18.00 元

营销中心电话：400-606-6496

出版社网址：http://www.class.com.cn

"安全生产知识百点通丛书"
编委会

内容简介

　　劳动防护是国家和单位为保护劳动者在生产劳动过程中的安全与健康所采取的立法、组织和技术措施的总称。保护劳动者在生产劳动过程中的安全与健康，是我国的一项基本方针，是发展生产、促进经济建设的一项根本性大事，也是社会主义物质文明和精神文明建设的一项重要内容。对于广大劳动者，了解劳动防护用品的相关知识是非常有必要且有意义的。

　　本书是"安全生产知识百点通丛书"之一，以问答的形式介绍了劳动防护的相关知识，主要内容包括：劳动防护用品基本概念、劳动防护用品管理规定、头部防护用品的使用、呼吸防护用品的使用、眼面部防护用品的使用、防护服装的使用、足部防护用品的使用、坠落防护用品的使用、手部防护用品的使用和听力防护用品的使用。

　　本书选题典型、通俗易懂、文字简洁、版式设计新颖且活泼。配以原创漫画插图，生动直观。适用于各类用人单位的安全负责人、安全管理人员，也适用于普及提高广大基层现场劳动者对于劳动防护用品相关概念的了解和知识储备。

目　录

一、劳动防护用品基本概念

1. 什么是劳动防护用品?

根据《用人单位劳动防护用品管理规范》(安监总厅安健〔2018〕3 号)的规定,劳动防护用品是指由用人单位为劳动者配备的,使其在劳动过程中免遭或者减轻事故伤害及职业病危害的个体防护装备。

《个体防护装备配备规范 第 1 部分:总则》(GB 39800.1—2020)中指出,劳动防护用品是从业人员为防御物理、化学、生物等外界因素伤害所穿戴、配备和使用的护品的总称。

劳动防护用品分为特种劳动防护用品和一般劳动防护用品。

《特种劳动防护用品目录》由国家安全生产监督管理总局

（现应急管理部）确定并公布；未列入目录的劳动防护用品为一般劳动防护用品。

> ### 📖知识学习
>
> 　　劳动防护用品属于针对劳动者个人使用的防护装备，需要与生产作业中各类安全防护设备设施进行区分。例如，不能将除尘设备与劳动防护用品混为一谈。
>
> 　　《用人单位劳动防护用品管理规范》第四条规定，劳动防护用品是由用人单位提供的，保障劳动者安全与健康的辅助性、预防性措施，不得以劳动防护用品替代工程防护设施和其他技术、管理措施。

2. 劳动防护用品的作用是什么?

劳动防护用品的作用是使用一定的屏蔽体或系带、浮体、采取隔离、封闭、吸收、分散、悬浮等手段，保护机体或全身免受外界危害因素的侵害。劳动防护用品供劳动者个人随身使用，是保护劳动者不受职业危害的最后一道防线。当职业安全健康技术措施尚不能消除生产过程中的危险及有害因素，达不到国家标准、行业标准及有关规定，也暂时无法进行技术改造时，使用劳动防护用品就成为既能完成生产任务，又能保障劳动者安全与健康的唯一手段。

劳动防护用品的主要作用包括以下两个方面。

（1）隔离和屏蔽作用

隔离和屏蔽作用是指使用一定的隔离或屏蔽体使机体免受有害因素的侵害。如劳动防护用品能很好地隔绝外界的某些刺激，避免皮肤发生皮炎等病态反应。

（2）过滤和吸附（收）作用

过滤和吸附（收）作用是指借助劳动防护用品中某些聚合物本身的活性基团对毒物的吸附作用来洗涤空气。如使用活性炭等多孔物质吸附进行排毒。

3. 劳动防护用品的基本要求是什么？

劳动防护用品的优劣直接关系劳动者的安全健康，必须经劳动防护用品质量检验检测机构检验合格，并由国家指定的监督检验部门核发生产许可证和产品合格证。生产经营单位应当根据劳动者所处工作场所中存在的危险有害因素种类及危害程度、劳动环境条件、劳动防护用品有效期制定适合本单位的劳动防护用品配备标准。选择劳动防护用品时，应从多方面考虑其性能，其基本要求包括以下几个方面。

（1）防护性

与其他消费类产品不同，劳动防护用品不仅要有安全性，更需要高性能的防护性，必须严格保证质量，具有足够的防护性能，安全可靠。因为在复杂的作业环境中，劳动者会受到各种职业伤害的威胁，而穿戴劳动防护用品就是为了能在最大程度上保护劳动者，避免或降低职业事故的发生概率。如从事刷胶、喷漆、打磨、抛光等工作的劳动者，需要配备防尘口罩、防毒面具、防护眼镜等用品，避免或降低有害气体和飞溅物对呼吸道和眼部的伤害；从事矿山、建筑、机械等复杂工况的劳动者则需要安全鞋、安全帽以及防护手套等劳动防护用品，以保护劳动者的足部、头部及手部安全。

（2）舒适性

劳动防护用品所选用的材料必须符合人体生理要求，不能成为危害因素的来源，同时劳动防护用品要使用方便，不影响正常工作。通常来说，劳动防护用品为了能达到足够的防护效果，往往会牺牲产品的舒适性能，给劳动者带来一定的身心负担。尤其是一些密闭性较强或者比较厚重的劳动防护用品，劳动者在长时间使用过程中，会感觉疲劳，严重一点甚至会影响工作效果、降低工作效率，从而影响企业的经济效益。因此，企业管理者在为劳动者配备劳动防护用品时，不仅需要考虑其防护性，还需要从劳动者实际的作业环境出发，配置防护性和舒适性兼具的劳动防护用品。

（3）规范性

《用人单位劳动防护用品管理规范》对劳动防护用品的采购、发放、培训、使用、维护、更换、报废等管理制度作出了以下几个方面的规定。

1）劳动防护用品采购、发放、培训及使用

用人单位应注意以下事项：根据劳动防护用品配备标准制订采购计划，购买符合标准的合格产品；查验并保存劳动防护用品检验报告等质量证明文件的原件或复印件；按照本单位制定的配备标准发放劳动防护用品，并做好登记；对劳动者进行劳动防护用品的使用、维护等专业知识的培训；督促劳动者在使用劳动防护用品前，对劳动防护用品进行检查，确保外观完好、部件齐全、功能正常；定期对劳动防护用品的使用情况进行检查，确保劳动者正确使用。

2）劳动防护用品维护、更换及报废

用人单位应注意以下事项：劳动防护用品应当按照要求妥善保存，及时更换，保证其在有效期内；公用的劳动防护用品应当由车间或班组统一保管，定期维护；对应急救援用劳动防护用品进行经常性的维护、检修，定期检测劳动防护用品的性能和效果，保证其完好有效；按照劳动防护用品发放周期定期发放，对工作过程中损坏的，用人单位应及时更换；安全帽、呼吸器、绝缘手套等安全性能要求高、易损耗的劳动防护用品，应当按照有效防护功能最低指标和有效期，到期强制报废。

4. 劳动防护用品的特点有哪些?

劳动防护用品是保护劳动者安全与健康所采取的必不可少的辅助措施，是劳动者防止职业毒害和伤害的最后防护措施。同时，它又与劳动者的福利待遇以及产品卫生和生活卫生需要的非防护性的工作用品有着原则性的区别。具体来说，劳动防护用品具有以下几个特点。

（1）特殊性

劳动防护用品不同于一般的商品，是保障劳动者安全与健康的特殊用品，企业必须按照有关标准进行选择和发放。尤其是特种劳动防护用品因其具有特殊的防护功能，在生产、使用、购买等环节中都有严格的要求。如《用人单位劳动防护用品管理规范》要求，用人单位应当根据劳动防护用品配备标准制订采购计划，购买符合标准的合格产品；应当定期对劳动防护用品的使用情况进行检查，确保劳动者正确使用等。

（2）适用性

劳动防护用品的适用性既包括劳动防护用品选择使用的适用性，也包括使用的适用性。选择使用的适用性是指必须根据不同的工种和作业环境以及使用者的自身特点等选用合适的劳动防护用品。如耳塞和防噪声帽（有大小型号之分），如果选择的型号太小，不会很好地起到防噪声的作用。使用的适用性是指劳动防护用品需在进入工作岗位时使用，这不仅要求产品的防护性能可靠，能确保使用者的安全，而且要求产品适用性能好、方便、灵活，使用者乐于使用。因此，结构较复杂的劳动防护用品，需经过一定时间试用，对其适用性及推广应用价值做出科学评价后才能投产销售。

（3）时效性

劳动防护用品均有一定的使用寿命。如橡胶、塑料等制品，长时间受紫外线及冷热温度影响会逐渐老化而易折断。有些护目镜和面罩，受光线照射和擦拭，或者受空气中的酸碱蒸气的腐蚀，镜片的透光率逐渐下降而失去使用价值；绝缘鞋（靴）、防静电鞋和导电鞋等的电气性能，会随着鞋底的磨损而改变；一些劳动防护用品的零件长期使用会磨损，影响力学性能；还有些劳动防护用品的保存条件也会影响其使用寿命，如温度、湿度等。

5. 劳动防护用品的分类有哪些?

《用人单位劳动防护用品管理规范》第十条规定，将劳动防护用品分为以下十大类：防御物理、化学和生物危险、有害因素对头部伤害的头部防护用品；防御缺氧空气和空气污染物进入呼吸道的呼吸防护用品；防御物理和化学危险、有害因素对眼面部伤害的眼面部防护用品；防噪声危害及防水、防寒等的耳部防护用品；防御物理、化学和生物危险、有害因素对手部伤害的手部防护用品；防御物理和化学危险、有害因素对足部伤害的足部防护用品；防御物理、化学和生物危险、有害因素对躯干伤害的躯干防护用品；防御物理、化学和生物危险、有害因素损伤皮肤或引起皮肤疾病的护肤用品；防止高处作业劳动者坠落或者高处落物伤害的坠落防护用品；其他防御危险、有害因素的劳动防护用品。

除了法律条文中的分类，对于劳动防护用品还可以进行以下分类。

（1）以防止伤亡事故为目的的防护用品

防坠落用品，如安全带、安全网等；防冲击用品，如安全帽、防冲击护目镜等；防触电用品，如绝缘服、绝缘鞋、等电位工作服等；防机械外伤用品，如防刺、割、绞碾、磨损用的防护服装、鞋、手套等；防酸碱用品，如耐酸碱手套、防护服装、鞋（靴）等；耐油用品，如耐油防护服装、鞋（靴）等；防水用品，如胶制工作服、雨衣、雨鞋和雨靴、防水保险手套等；防寒用品，如防寒服、鞋、帽、手套等。

（2）以预防职业病为目的的防护用品

防尘用品，如防尘口罩、防尘服等；防毒用品，如防毒面具、防毒服等；防放射性用品，如防放射性服、铅玻璃眼镜等；防热辐射用品，如隔热防护服、防辐射隔热面罩、电焊手套、有机防护眼镜等；防噪声用品，如耳塞、耳罩、耳帽等。

（3）以人体防护部位分类

头部防护用品，如防护帽、安全帽、防寒帽、防昆虫帽等；呼吸器官防护用品，如防尘口罩（面罩）、防毒口罩（面罩）等；眼面部防护用品，如焊接护目镜、炉窑护目镜、防冲击护目镜等；手部防护用品，如一般防护手套、各种特殊防护（防水、防寒、防高温、防振）手套、绝缘手套等；足部防护用品，如防尘、防水、防油、防滑、防高温、防酸碱、防振鞋（靴）

及电绝缘鞋（靴）等；躯干防护用品，通常称为防护服装，如一般防护服、防水服、防寒服、防油服、防电磁辐射服、隔热服、防酸碱服等。

📖 知识学习

特种劳动防护用品包含以下品种。

（1）头部护具类：安全帽。

（2）呼吸护具类：防尘口罩、过滤式防毒面具、自给式空气呼吸器、长管面具。

（3）眼面护具类：焊接眼面护具、防冲击眼护具。

（4）防护服装类：阻燃防护服、防酸工作服、防静电工作服。

（5）防护鞋类：保护足趾安全鞋、防静电鞋、导电鞋、防刺穿鞋、胶面防砸安全鞋、电绝缘鞋、耐酸碱皮鞋、耐酸碱皮胶靴、耐酸碱塑料压靴。

（6）防坠落护具类：安全带、安全网、密目式安全立网。

---

6. 使用劳动防护用品要注意什么？

在工作场所必须按照要求佩戴和使用劳动防护用品。劳动防护用品是根据生产工作的实际需要发给个人的，每位劳动者在生产工作中都要正确地使用它，以达到预防事故、保障自身安全的目的。使用劳动防护用品要注意以下几个方面的问题。

（1）选择劳动防护用品应针对防护目的，正确选择符合要求的用品，绝不能选错或将就使用，以免发生事故。

（2）对使用劳动防护用品的劳动者应进行教育和培训，使其能充分了解使用目的和意义，并正确使用。对于结构和使用方法较为复杂的用品，如呼吸防护器，应进行反复训练，使劳动者能熟练使用。用于应急救援的呼吸器，要定期严格检验，并妥善存放在可能发生事故的地点附近，方便取用。

（3）妥善维护保养劳动防护用品，不但能延长其使用期限，更重要的是能保证用品的防护效果。耳塞、口罩、面罩等使用后应用肥皂、清水洗净，并用药液消毒、晾干。过滤式呼吸器的滤料要定期更换，以防失效。防止皮肤污染的工作服使用后应集中清洗。

（4）劳动防护用品应有专人管理，负责维护保养，保证劳动防护用品充分发挥其作用。

7. 如何根据工作场所的有害因素选用劳动防护用品?

工作场所的有害因素主要包括粉尘有害因素、化学有害因素、物理有害因素和生物有害因素，应根据作业场所中存在的有害因素，依照相关标准，正确、合理选用劳动防护用品。

（1）粉尘有害因素

许多作业场所中都存在大量生产性粉尘，这些粉尘都是对人体健康有严重损害的，工作场所环境空气中粉尘超过限值，应采用防颗粒物的呼吸器，其中自吸过滤式防颗粒物呼吸器产品应符合《呼吸防护　自吸过滤式防颗粒物呼吸器》（GB 2626—2019）的标准要求。送风过滤式产品应符合《电动送风过滤式防尘呼吸器通用技术条件》（LD 6—1991）等标准。

（2）化学有害因素

一些工作场所中存在大量化学毒物，若防护不当将对人体造成损伤，其应对方法除采取防毒工程技术措施外，还应提供劳动防护用品。这些防毒呼吸用品，应符合《呼吸防护　自吸过滤式防毒面具》（GB 2890—2022）等相关要求。

（3）物理有害因素

工作场所物理有害因素包括电离辐射、激光、局部振动、煤矿井下采掘作业地点气象条件等。对于物理有害因素，从业人员应该充分了解相关的人体工作数据指标和接触阈值，如体力劳动强度分级标准、体力作业时心率和能量消耗的生理限值及紫外辐射、红外辐射、噪声级限值等在《工作场所有害因素职业接触限值　第2部分：物理因素》（GBZ 2.2—2007）中都有规定。针对不同的物理因素，可选用相应的劳动防护用品，如防紫外或红外辐射伤害的护目镜和面具；焊接护目镜产品应符合《职业眼面部防护　焊接防护　第1部分：焊接防护具》（GB/T 3609.1—2008）的要求；高温辐射场所选用阻燃防护服应符合《防护服装　阻燃服》（GB 8965.1—2020）的要求；有静电和电危害的作业场所应选用防静电工作服，产品应符合《防护服装　防静电服》（GB 12014—2019）的要求；防止电危害应选用带电作用屏蔽服或高压静电防护服以及电绝缘鞋（靴）、电绝缘手套等防护用品，其产品应符合《带电作业用屏蔽服装》（GB/T 6568—2008）和《带电作业用绝缘手套》（GB/T 17622—2008）等标准要求；有机械、打击、切割伤害的作业场所，应选用安全帽、安全鞋和防护手套、护目镜等防护用品，并符合国家标准要求。用人单位还可参照《头部防护　安全帽选用规范》（GB/T 30041—2013）和《坠落防护装备安全使用规范》（GB/T 23468—2009）等标准，为劳动者配备适用的劳动防护用品。

（4）生物有害因素

如接触皮毛、动物引起的炭疽杆菌感染、布氏杆菌感染，森林采伐引起的脑炎病菌感染，医护人员接触患者引起细菌、病毒性感染。在这些场所选用呼吸防护品时，产品应符合《医

用防护口罩技术要求》（GB 19083—2010）；选用防护服装产品应符合《医用一次性防护服技术要求》（GB 19082—2009）。

8. 如何根据作业类别选用劳动防护用品？

不同作业类别的劳动防护用品选用应该严格按照国家相关标准的规定。2020 年 12 月 29 日，国家市场监督管理总局、国家标准化管理委员会联合发布了《个体防护装备配备规范》系列国家标准，包括第 1 部分：总则，第 2 部分：石油、化工、天然气，第 3 部分：冶金、有色，第 4 部分：非煤矿山。该系列标准于 2022 年 1 月 1 日正式开始施行。

《个体防护装备配备规范》系列标准对劳动防护用品在相应行业的参考适用范围进行了描述，并对劳动防护用品进行了说明。例如，《个体防护装备配备规范　第 2 部分：石油、化工、天然气》（GB 39800.2—2020）规定，对于易燃易爆场所作业，应该采用的劳动防护用品包括安全帽、防静电工作帽、自给开路式压缩空气呼吸器、自吸过滤式防毒面具、自吸过滤式防颗粒物呼吸器、职业眼面部防护具、安全鞋、防静电服、化学防护服、阻燃服、防化学品手套、防静电手套。

除了适用的劳动防护用品，《个体防护装备配备规范》系列标准还对作业类别的危险性、可能造成的事故和伤害以及作业举例进行了说明解释，用人单位可根据实际需要进行作业类型的比对，进而根据标准选用正确且完备的劳动防护用品。

法律提示

现行的《个体防护装备配备规范》系列标准有四个部分。2023年，应急管理部组织全国个体防护装备标准化技术委员会及有关单位起草了《个体防护装备配备规范 第5部分：建材》（GB 39800.5—2023）、《个体防护装备配备规范 第6部分：电力》（GB 39800.6—2023）、《个体防护装备配备规范 第7部分：电子》（GB 39800.7—2023）三项强制性国家标准的征求意见稿，2025年1月1日正式实施。

9. 如何根据危险有害因素对人体伤害的部位选用劳动防护用品？

危险有害因素会因其类型不同伤害人体不同部位，应根据不同部位进行相对应劳动防护用品的选用。依据《个体防护装备配备规范 第1部分：总则》（GB 39800.1—2020），应根据辨识的作业场所危险有害因素及其评估结果，结合个体防护装备的防护部位、防护功能、适用范围及对作业环境和使用者的适合性，选择合适的个体防护装备。常用个体防护装备有以下几种类别。

（1）头部防护用品

安全帽、防静电工作帽等。

（2）眼面部防护用品

焊接眼护具、激光防护镜、强光源防护镜和职业眼面部防护具等。

（3）听力防护用品

耳塞、耳罩等。

（4）呼吸防护用品

长管呼吸器、动力送风过滤式呼吸器、自给闭路式压缩氧气呼吸器、自给闭路式氧气逃生呼吸器、自给开路式压缩空气呼吸器、自吸过滤式防毒面具、自给开路式压缩空气逃生呼吸器和自吸过滤式防颗粒物呼吸器等。

（5）躯干防护用品

防电弧服、防静电服、职业用防雨服、高可视性警示服、隔热服、焊接服、化学防护服、抗油易去污防静电防护服、冷环境防护服、熔融金属飞溅防护服、微波辐射防护服和阻燃服等。

（6）手部防护用品

带电作业用绝缘手套、防寒手套、防化学品手套、防静电手套、防热伤害手套、电离辐射及放射性污染物防护手套、焊工防护手套和机械危害防护手套等。

（7）足部防护用品

安全鞋、防化学品鞋等。

（8）坠落防护用品

安全带、安全绳、缓冲器、缓降装置、连接器、水平生命线装置、速差自控器、自锁器、安全网、登杆脚扣和挂点装置等。

10. 如何根据人的身材选用劳动防护用品?

选用劳动防护用品时,需要根据人的身材和工作环境的特殊要求做出合适的选择。

(1)头部防护

安全帽:测量头部周长,选择合适尺寸的安全帽,确保帽子能够紧密而舒适地贴合头部,不过紧或过松。

(2)眼面部防护

防护镜或面罩:确保防护镜或面罩能够适应个体的面部轮廓,提供充分的视野,并符合防护标准。

(3)呼吸道防护

口罩或呼吸防护器:选择适合个体面部的口罩或呼吸防护器,确保能够有效密封,防止有害颗粒进入呼吸道。

(4)听觉防护

耳塞或耳罩:根据个体耳道的大小选择适当尺寸的耳塞或调整式耳罩,以确保有效隔音效果。

(5)手部防护

手套:测量手部尺寸,选择合适尺寸的手套,确保手套舒适并提供足够的防护。

(6)躯体防护

防护服装:根据个体的身高和体型选择合适尺寸的防护服装,确保能够全面覆盖身体,提供充分的防护。

(7)足部防护

安全鞋:测量脚的长度和宽度,选择合适尺寸的安全鞋,确保舒适度和足够的防护。

考虑个体的个人健康状况和对特定材料的过敏反应,以确保选用的劳动防护用品不会引起不适或过敏反应。

在选择劳动防护用品时,应参考制造商的尺寸指南和建议,同时要根据工作环境的具体需求作出选择。此外，培训劳动者正确佩戴和使用劳动防护用品也是确保其有效性的重要环节。

11. 什么情况下劳动防护用品应当报废？

依据《个体防护装备配备规范 第1部分：总则》（GB 39800.1—2020），出现以下情况之一，用人单位应给予判废和更换新品：

（1）个体防护装备经检验或检查被判定不合格；

（2）个体防护装备超过有效期；

（3）个体防护装备功能已经失效；

（4）个体防护装备的使用说明书中规定的其他判废或更换条件。

被判废或被更换后的个体防护装备不得再次使用。

在实际情况中，劳动防护用品的使用期限与作业场所环境、劳动防护用品使用频率、劳动防护用品自身性质等多方面因素有关。如某省根据作业环境，对厂矿企业的安全帽的使用期限规定为：冶金轧钢厂中的板坯作业36个月；冷水作业48个月；

煤炭作业、土建作业24个月；地质勘探作业的安装工、钻探工、采样工为12个月。

一般来说，确定使用期限应考虑以下三个原则。

（1）腐蚀程度

根据对劳动防护用品的腐蚀程度，作业可分为重腐蚀作业、中腐蚀作业和轻腐蚀作业。腐蚀程度反映作业环境和工种使用状况。

（2）损耗情况

根据防护功能降低的程度，损耗情况可分为易受损耗、中等受损耗和强制性报废。损耗情况反映了劳动防护用品防护性能情况。

（3）耐用性能

根据使用周期，耐用性能可分为耐用、中等耐用和不耐用。耐用性能反映劳动防护用品材质状况，如用耐高温阻燃纤维织物制成的阻燃防护服，要比用阻燃剂处理的阻燃织物制成的阻燃防护服耐用。耐用性能反映劳动防护用品的综合质量。

劳动防护用品因损伤、经测试防护功能失效或超过有效期时，应及时从作业现场清理出来，并由专人监督销毁。对销毁的劳动防护用品的品种、数量、来源、销毁原因等情况要进行详细记录，经办人员和监督人员签字后存档。严禁失效的劳动防护用品外流，避免因误用而引发事故。

✿ 相关链接

劳动防护用品的使用必须在其性能范围内，不得超过极限使用；不得使用未经国家指定、未经检验检测部门认可（国家标准）和检测达不到标准的产品；不得使用无安全标志的特种劳动防护用品；不能用其他物品或福利代替劳动防护用品，更不能以次充好。

二、劳动防护用品管理规定

12. 用人单位应遵守我国哪些有关劳动防护用品的法律法规?

《中华人民共和国劳动法》《中华人民共和国劳动合同法》《中华人民共和国安全生产法》《用人单位劳动防护用品管理规范》以及相关的行政法规、部门规章等法律法规规定了用人单位在提供劳动防护用品方面的义务和责任。

《中华人民共和国劳动法》规定,用人单位有责任向劳动者提供必要的劳动防护用品,并对其进行必要的防护教育和培训。用人单位不得收取劳动者购买劳动防护用品的费用。同时,劳动者在工作中应正确使用和保管劳动防护用品。《中华人民共和国劳动合同法》规定,用人单位应在劳动合同中约定劳动防护用品的提供方式、种类、标准等相关事项,并明确用人单位为劳动者提供劳动防护用品的义务。《中华人民共和国安全生产法》规定,用人单位的安全生产责任包括为劳动者提供必要的劳动防护用品和设备,保障劳动者的人身安全和健康。用人单位应当建立健全安全生产责任制度,加强安全生产教育和培训,确保劳动者正确使用劳动防护用品,防范职业伤害和事故发生。此外,应急管理部发布了许多与劳动防护用品相关的具体规定和标准,如《用人单位劳动防护用品管理规范》,对劳动防护用品的选择、使用、管理作出了详细的规定。

《用人单位劳动防护用品管理规范》详细界定了用人单位对劳动防护用品的规范。

其中第十五条,用人单位应当根据劳动者工作场所中存在的危险、有害因素种类及危害程度、劳动环境条件、劳动防护用品有效使用时间制定适合本单位的劳动防护用品配备标准；第十六条，用人单位应当根据劳动防护用品配备标准制订采购计划，购买符合标准的合格产品；第十七条，用人单位应当查验并保存劳动防护用品检验报告等质量证明文件的原件或复印件；第十八条，用人单位应当按照本单位制定的配备标准发放劳动防护用品，并做好登记；第十九条，用人单位应当对劳动者进行劳动防护用品的使用、维护等专业知识的培训；第二十条，用人单位应当督促劳动者在使用劳动防护用品前，对劳动防护用品进行检查，确保外观完好、部件齐全、功能正常；第二十一条，用人单位应当定期对劳动防护用品的使用情况进行检查，确保劳动者正确使用。

法律提示

为规范用人单位劳动防护用品的使用和管理，保障劳动者安全健康及相关权益，根据《中华人民共和国安全生产法》《中华人民共和国职业病防治法》等法律、行政法规和规章，制定了《用人单位劳动防护用品管理规范》。

13. 劳动防护用品使用者的权利有哪些？

劳动防护用品使用者在工作场所享有以下基本的权利，这些权利旨在保障其安全和健康。

（1）获得适当的劳动防护用品

使用者有权要求用人单位提供适当的、符合相关标准的劳动防护用品，以确保在工作中得到有效的保护。

（2）接受培训和信息

使用者有权接受关于如何正确佩戴、使用和维护劳动防护用品的培训和信息，以确保其正确使用，减少事故风险。

（3）参与防护决策

使用者有权参与与安全生产相关的决策，包括选择和评估劳动防护用品的过程。

（4）知情权

使用者有权了解工作场所的潜在危险，并了解用人单位提供的劳动防护用品的性能和用途。

（5）隐私权

使用者有权在佩戴劳动防护用品时保护个人隐私，例如，在某些情况下，特定的劳动防护用品可能需要适当考虑个体的隐私权。

（6）报告问题

使用者有权报告劳动防护用品的问题或不足，确保及时修复或更换装备。

（7）停工权

在某些情况下，使用者有权行使停工权，要求用人单位采取措施来解决工作场所的安全问题，包括劳动防护用品的不足或不适当使用。

（8）拒绝危险作业

如果没有提供适当的劳动防护用品或者作业环境存在严重的安全问题，使用者有权拒绝从事危险的作业。

（9）申诉权

使用者有权向相关监管机构投诉，要求对用人单位未能提供适当的劳动防护措施采取行动。

法律提示

　　《用人单位劳动防护用品管理规范》第七条规定，用人单位应当为劳动者提供符合国家标准或者行业标准的劳动防护用品。使用进口的劳动防护用品，其防护性能不得低于我国相关标准。

　　《用人单位劳动防护用品管理规范》第九条规定，用人单位使用的劳务派遣工、接纳的实习学生应当纳入本单位人员统一管理，并配备相应的劳动防护用品。对处于作业地点的其他外来人员，必须按照与进行作业的劳动者相同的标准，正确佩戴和使用劳动防护用品。

14. 劳动防护用品使用者的义务有哪些?

依据《用人单位劳动防护用品管理规范》第八条的规定,劳动者在作业过程中,应当按照规章制度和劳动防护用品使用规则,正确佩戴和使用劳动防护用品。

劳动防护用品使用者应履行与安全和健康相关的义务,这些义务有助于确保他们正确地使用和维护劳动防护用品,最大限度地降低工作风险。

(1)正确佩戴和使用

使用者有责任正确佩戴和使用劳动防护用品,以确保有效地履行其预期功能。

(2)参与培训

使用者有责任参加相关的培训,以了解正确使用、维护和清洁劳动防护用品的方法。

(3)及时报告问题

使用者应该立即报告任何劳动防护用品的缺陷或损坏问题,确保及时修复或更换。

(4)维护和清洁

使用者有义务保持其个人劳动防护用品的清洁和良好状态,包括定期清洁和检查,以确保其性能不受影响。

(5)合作与沟通

使用者应积极与用人单位、监管部门和同事合作,共同促进作业场所的安全。还应与用人单位分享有关劳动防护用品使用的建议和问题,并积极参与制定和改进安全生产管理制度。

(6)遵循规章制度

使用者有责任遵守作业场所的安全生产规章制度,包括佩戴和使用劳动防护用品的规定。

（7）合理使用

使用者不应滥用或故意损坏劳动防护用品，以确保其功能长期有效。

（8）了解并遵守安全操作规程

使用者有义务了解并遵守与其工作相关的所有安全操作规程，包括正确使用劳动防护用品的指南。

这些义务旨在确保劳动防护用品能够充分发挥作用，提供最大的安全防护。使用者通过履行这些义务不仅保护了自己，还有助于维护整个作业场所的安全与健康。

15.　如何正确使用劳动防护用品？

需要佩戴劳动防护用品的从业人员在使用劳动防护用品前，应认真阅读产品安全使用说明书，确认其使用范围、有效期限等内容，熟悉其使用维护和保养方法，当发现劳动防护用品有受损或超过有效期限等情况时，决不能冒险使用。

（1）头部防护主要是佩戴安全帽。安全帽适用于存在物体打击的危险环境。

（2）高处坠落防护主要是系好安全带。安全带适用于需要登高时（2 m 以上）和有跌落的危险时。

（3）眼面防护一般是佩戴防护镜、眼罩或面罩。存在粉尘、气体、蒸气、雾、烟或飞屑刺激眼睛或面部时，需佩戴防护镜、防化学品眼罩或面罩（需整体考虑眼睛和面部同时防护的需求）；焊接作业时，需佩戴焊接防护镜和面罩。

（4）手部防护主要是佩戴防切割、防腐蚀、防渗透、隔热、绝缘、保温、防滑等手套。可能接触尖锐物体或粗糙表面时，选用机械危害防护手套；可能接触化学品时，选用防化学品手套；可能接触高温或低温表面时，选用防热伤害手套；可能接触静电环境时，选用防静电手套。

（5）足部防护用品主要有防砸、防腐蚀、防渗透、防滑、防火花的防护鞋。可能发生物体打击的地方，要穿安全鞋；可能接触化学液体的作业环境，要穿防化学品鞋。

（6）防护服装适用于保温、防水、防化学腐蚀、阻燃、防静电、防放射线等。防护服装一般要求在高温或低温作业时要能保温；在潮湿或浸水环境时要能防水；可能接触化学品时要具有化学防护作用；在特殊环境下的防护服装应具有阻燃、防静电、防放射线等功能。

（7）听力防护。应选用适合的护耳器，同时还要考虑提供适宜的通信设备。

（8）呼吸防护应根据国家标准《呼吸防护用品的选择、使用与维护》（GB/T 18664—2002）选用。要考虑是否缺氧、是否有易燃易爆气体、是否存在空气污染，以及其种类、特点、浓度等因素之后，选择适用的呼吸防护用品。

16. 对从业人员佩戴劳动防护用品的规定是什么？

从业人员佩戴劳动防护用品的规定通常受到法律法规、行业标准和作业场所政策的制约，具体规定可能会因地区、行业和工作性质而异。

（1）强制性佩戴

某些行业或作业场所可能要求从业人员在特定情况下必须佩戴特定类型的劳动防护用品，如安全帽、安全鞋、护目镜、耳塞或耳罩等。

（2）工作风险评估

根据工作风险评估，从业人员可能需要根据工作环境和工作任务来佩戴相应的劳动防护用品。这些规定由用人单位根据法规制定。

（3）合规标准

劳动防护用品的选择和使用通常需要符合特定的合规标准，包括国家或地区性的标准。

（4）指定工作区域

有些作业场所要求从业人员只有在特定的工作区域内才需要佩戴特定的劳动防护用品，如在高风险区域或与危险物质接触的地方。

（5）使用说明和培训

从业人员可能需要接受培训，了解何时以及如何正确佩戴和使用劳动防护用品，以确保其有效性。

（6）个人责任

在很多情况下，从业人员有责任根据规定正确佩戴和使用劳动防护用品，以保护自己和他人的安全。

这些规定旨在确保作业场所的安全，并最大限度地降低工作所涉及的健康和安全风险。具体规定会因法律法规、行业标准和工作场所政策的不同而有所变化。因此，重要的是遵守作业场所制定的有关劳动防护用品的规定和使用指南。

17．劳动防护用品如何管理？

劳动防护用品的管理需要从多个方面入手，包括采购进场监管、现场使用监管、日常检查管理、正确使用和保养、定期检查和更新、培训和教育以及记录和管理等。通过这些措施的实施，有效地保障劳动防护用品的安全性能和使用效果，提高从业人员的安全保障水平。

（1）采购进场监管

监管部门要督促建筑施工企业、相关工矿企业等劳动防护用品使用单位采购持有营业执照和出厂检验合格报告的生产厂家生产的产品，并严格控制进场验收程序，建立劳动防护用品收货验收制度，留存生产企业的产品合格证和检验检测报告。所配发的劳动防护用品的安全防护性能要符合国家标准或行业标准，禁止质量不合格、资料不齐全甚至假冒伪劣产品进入作业场所。

（2）现场使用监管

监管部门要督促使用单位按照国家规定，免费发放和管理劳动防护用品，并建立验货、保管、发放、使用、更换、报废等管理制度，及时建立管理档案。对存有异议或发现与检验检测报告不符的，要将该批产品清理出现场，重新购置质量合格的产品并进行取样送检。要落实施工总承包单位的管理责任，鼓励实行统一采购配发的管理制度。

（3）日常检查管理

监管部门要督促使用单位切实加强对作业场所劳动防护用品质量和使用情况的日常监督管理，并形成检查台账。对不符合质量要求及破损的劳动防护用品要及时处理更换；对到报废期的劳动防护用品，要立即进行报废处理；已损坏的，不得擅自修补使用。

（4）正确使用和保养

从业人员在使用劳动防护用品时，应按照使用说明书正确使用和保养，避免由于使用不当或错误操作导致安全事故。从业人员应在使用前检查劳动防护用品的安全性能，如发现损坏或失效应及时更换。

（5）定期检查和更新

使用单位应定期对劳动防护用品进行检查和更新，确保其符合国家标准或行业标准，保证安全防护性能。同时，对于过期或损坏的劳动防护用品应及时报废并更新。

（6）培训和教育

使用单位应对劳动防护用品的从业人员进行培训和教育，使其了解劳动防护用品的安全性能和使用方法，增强从业人员的安全意识和技能水平。

（7）记录和管理

使用单位应建立劳动防护用品的采购、验收、发放、使用、更换、报废等记录和管理制度，确保可追溯性和管理规范性。

18. 劳动防护用品安全标志的含义是什么？

劳动防护用品安全标志是确认劳动防护用品安全防护性能符合国家标准、行业标准，准许生产经营单位配发和使用该劳动防护用品的凭证。劳动防护用品安全标志由劳动防护用品安全标志证书和劳动防护用品安全标志标识两部分组成。劳动防护用品的安全标志证书由特种劳动防护用品安全标志管理中心负责。安全标志证书分为制造、贴牌和代理三种类型。制造类证书有效期 5 年，贴牌类证书有效期 2 年，代理类证书有效期 1 年。劳动防护用品安全标志标识由图形和劳动防护用品安全标志编号构成。取得劳动防护用品安全标志标识的产品应在产品的明显位置加施劳动防护用品安全标志标识，标识加施应牢固耐用。

现行安全标志由带有 LA 字母的绿色盾牌图形和编号两部分组成，LA 字母为白色，编号字体为黑色。图形采用古代盾牌的形状，取其防护之意；绿色为生命色，绿色盾牌也有保护生命之意；大写 LA 字母取"劳动""安全"两词的首字汉语拼音头字母，意为劳动安全。绿色盾牌印刷色彩模式为 C:100、M:50、Y:100、K:20。证书编号、产品编号均为黑色。允许安全标志同比例放大或缩小。

🔘 相关知识

依据《特种劳动防护用品安全标志管理办法》（劳防安标字〔2022〕260号）第四十八条的规定，有下列情形之一的，撤销安全标志，在安全标志管理平台予以公告：

（1）弄虚作假，骗取安全标志的；

（2）转让、租借、买卖安全标志的；

（3）被吊销或注销营业执照的；

（4）产品不符合相关技术标准，经检验不合格的；

（5）拒绝接受监督抽查或监督抽查不合格的；

（6）未按规定进行年度审核或年度审核不合格的；

（7）未按规定发起生产场所变更、主要生产工艺变更的；

（8）在被暂停使用安全标志期间，擅自使用安全标志的；

（9）其他应撤销安全标志的情形。

19. 我国有关违反劳动防护用品配备的处罚规定有哪些?

（1）《中华人民共和国职业病防治法》第七十二条规定，用人单位未提供职业病防护设施和个人使用的职业病防护用品，或者提供的职业病防护设施和个人使用的职业病防护用品不符合国家职业卫生标准和卫生要求的；对职业病防护设备、应急救援设施和个人使用的职业病防护用品未按照规定进行维护、检修、检测，或者不能保持正常运行、使用状态的，由卫生行政部门给予警告，责令限期改正，逾期不改正的，处五万元以上二十万元以下的罚款；情节严重的，责令停止产生职业病危害的作业，或者提请有关人民政府按照国务院规定的权限责令关闭。

（2）《中华人民共和国安全生产法》第九十九条规定，生产经营单位未为从业人员提供符合国家标准或者行业标准的劳动防护用品的，责令限期改正，处五万元以下的罚款；逾期未改正的，处五万元以上二十万元以下的罚款，对其直接负责的主管人员和其他直接责任人员处一万元以上二万元以下的罚款；情节严重的，责令停产停业整顿；构成犯罪的，依照刑法有关规定追究刑事责任。

这些规定明确了对于未按规定配备劳动防护用品的行为，将采取严厉的处罚措施，旨在保障从业人员的生命安全和身体健康。同时，也强调了生产经营单位对于提供合格劳动防护用品的责任和义务，以及对于违反规定行为的法律后果的认识和重视程度。

三、头部防护用品的使用

20. 劳动过程中头部伤害因素有哪些?

劳动过程中头部伤害因素的危害性是非常严重的,因为头部是人体最重要的器官之一,包含了大脑、颅骨、眼睛、耳朵等重要结构,头部受到伤害可能导致脑损伤、颅骨骨折、面部和眼睛损伤甚至生命威胁。在劳动过程中,引起头部伤害的因素主要有物体打击、高处坠落、机械伤害、污染毛发(头皮)等。

(1)物体打击

在生产劳动过程中,可能发生原材物料、工具、岩石、建筑材料等坚硬物体在不受控的情况下击中在场人员头部造成伤害。

物体打击首当其冲的是头部,头在人体最上部位,是神经中枢所在,头盖骨最薄处仅有 2 mm 左右。头部一旦受外力冲击,可引起脑震荡、脑出血、脑膜挫伤、颅底骨折、机能障碍等伤害,影响思维和活动功能,甚至立即死亡。

(2)高处坠落

高处作业人员可能因人体坠落导致伤害。在施工现场高空作业中,如果未防护、防护不到位或违规操作都可能发生人或物的坠落。人从高处坠落的事故,称为高处坠落事故。

(3)机械伤害

在生产中,若作业人员不慎将毛发卷入旋转的机床、叶轮、皮带运输设备,则会造成严重的毛发和头皮撕脱伤害,甚至将人卷入机器中危及生命。

这次只是个小小的提醒，下回至少您的"秀发"是保不住了……

（4）污染毛发（头皮）

在生产过程中，作业人员接触化学毒物、腐蚀性物质、放射性物质、生物性物质等，均可能污染毛发（头皮），对人体造成伤害。

21. 头部防护用品的分类有哪些？

头部防护用品主要包括安全帽、工作帽、X 射线防护头盔、防护头罩、消防头盔五种类型。

（1）安全帽

安全帽主要有一般防护帽、防尘帽、防水帽、防寒帽、安全帽、防静电帽、防高温帽、防电磁辐射帽、防昆虫帽等九类产品。安全帽一般由帽壳、帽衬、下颌带、后箍等构成。安全帽分为通用型、乘车型、特殊型安全帽、军用钢盔、军用保护帽和运动员用保护帽，其中通用型和特殊型安全帽属于劳动防护用品。

（2）工作帽

这里的工作帽是指一般工作帽，按形状分为无沿工作帽和有沿工作帽，多用较细密的织品制成，要求其质轻、耐洗。工作帽常用于食品卫生、医药、精密仪表、机床加工、喷涂等作业场所，可以防污染；另外在旋转的机床和运转的皮带机旁，可防长发卷入。

（3）X射线防护头盔

在工业X射线探伤工作过程中，作业人员可能受到X射线的照射伤害，因此采取个人防护是必要的。X射线防护头盔就是保护头部和面部的用品，其帽壳用玻璃钢制成，面罩由有机铅玻璃制成。

（4）防护头罩

防护头罩通常由头罩、面罩和披肩三部分组成。为防御物体打击，头罩常与安全帽配合使用。头罩的材料可根据作业环境进行选择，对要求防湿、防水、防烟尘的头罩，可选用防水织物制作，没有裂缝和开口，连接处应予密封。

面罩多用有机玻璃制作。在高温环境防热辐射和火焰的头罩，其材料选用喷涂铝金属的织品或阻燃的帆布，面部用镀铝金属膜的有机玻璃做成观察窗。

防护头罩常用于水泥喷浆、油漆喷涂、清砂、清灰、水泥灌装、高温热辐射、养蜂等作业场所，防护头罩还常与各类面罩、眼护具、呼吸护具和防护服装联合使用。

（5）消防头盔（应急救援）

消防头盔作为一种消防器材，耐高温性能优良。

消防头盔由盔壳、面罩、披肩、缓冲层等部分组成，半盔式设计，具备防尖锐物品冲击、防腐蚀、防热辐射、反光、绝缘、轻便等性能。消防头盔内可配空气呼吸器和无线通信系统，有明显的反光标志。

22. 常见的安全帽及其适用范围有哪些?

根据安全帽材质的不同,常见的安全帽可分为玻璃钢安全帽、塑料安全帽、胶布矿工帽、防寒安全帽、纸胶安全帽、植物条编织的安全帽等类型。

(1)玻璃钢安全帽

这种安全帽以玻璃丝或化纤纤维与不饱和聚酯树脂为原料,采用手工糊制,再加温固化或模压成型制成,具有良好的耐高温、耐低温、电绝缘、耐腐蚀及阻燃性能。主要应用于冶金高温场所、油田钻井、森林采伐、供电线路、高层建筑施工以及寒冷地区施工。

(2)塑料安全帽

这种安全帽所用材料均属热塑性工程塑料,具有良好的抗冲击、耐高温、电绝缘等性能。与玻璃钢安全帽相比,塑料安全帽成本较低,因此广泛应用于各种行业。

塑料安全帽所用材料中,ABS塑料安全帽主要适用于采矿、机械行业等冲击强度较高的室内常温作业,不能接触明火,不适宜长期在低温露天作业中使用;超高分子聚乙烯塑料安全帽适用范围较广,在冶金、石油、化工、矿山、建筑、机械、电力、交通运输、地质、林业等行业中冲击强度较低的室内外作业均可应用。

(3)胶布矿工帽

胶布矿工帽用胶布糊胎,模压硫化成形,多为黑色椭圆形小檐加强筋式,也有外加白色涂料的。其最大特点是抗静电性能好、耐用,主要用于煤矿、井下、涵洞、隧道作业等。

(4)防寒安全帽

这是在寒冷季节对头部起保暖和防御物体打击伤害的安全帽。它由帽面、帽里、衬壳及其他防寒构件(如帽耳扇、帽小耳等)

组成。防寒安全帽适用于寒冷地区冬季野外和露天作业人员使用。

（5）纸胶安全帽

帽壳采用造纸木浆，添加强力助剂模压加工而成。其防辐射性能好、耐高温、耐低温、抗老化性强，适用于建筑、矿山、石油、化工、交通运输等行业。用于户外作业时，还可防太阳辐射、风沙和雨淋。

（6）植物条编织的安全帽

这类产品透气性好、质轻，但强度较差，基本不能作安全帽使用。其刚性低于标准，变形很大，不耐燃烧。适于南方炎热地区而无明火的作业场所使用。

23. 安全帽的选用原则有哪些？

安全帽的选用原则应从适配性、质量、合适佩戴、定期检查、配合安全带使用以及注意存放等方面考虑。

（1）作业场所的选用

在可能存在高处（或侧面）抛物或飞落物环境中作业的人员、高处作业者，以及需要进入这类现场的人员，都必须佩戴安全帽。

（2）材料的选用

主要是考虑所承受的机械强度和作业环境。如估计坠落物件质量较大时，应选用较高强度材料制成的安全帽；在冶炼作业场所宜选用耐高温的安全帽；在炎热地区建筑施工应选用通风散热较好的植物条编织安全帽；严寒地区户外作业宜选用防寒安全帽等。

（3）式样的选用

大檐（舌）帽适用于露天作业，有兼防日晒和雨淋的作用；小檐帽适用于室内、隧道、涵洞、井巷、森林、脚手架上等活动范围小、容易发生帽檐碰撞的狭窄场所。

（4）颜色的选用

颜色的选用应从安全心理学的角度考虑。国际上较为通用的惯例为：黄色加黑条纹是表示注意警戒的标志，红色是表示限制、禁止的标志，蓝色起显示作用等。一般对于普通工种使用的安全帽宜选用白、淡黄、淡绿等颜色；煤矿矿工宜选用明亮的颜色，甚至应考虑在安全帽上加贴荧光色条或反光带，以便于在照明条件较差的作业场所易被发现并引起警觉；在森林采伐场所，红、橘红色的安全帽较醒目，易于相互发现；易燃易爆作业场所，宜选用大红安全帽。有些企业采用不同颜色的安全帽，用于区分职别和工种，利于安全生产管理。

24. 如何正确佩戴安全帽以及对其使用有哪些要求？

正确佩戴安全帽可以有效地保护作业人员的头部安全，减少事故的发生。

（1）安全帽的正确佩戴方法

1）应将内衬圆周大小调节到对头部稍有约束感，用双手尝试左右转动头盔，达到基本不能转动、但不难受的程度，以不系下颌带低头时安全帽不会脱落为宜。

2）安全帽由帽衬和帽壳组成，帽衬必须与帽壳连接良好，同时帽衬与帽壳不能紧贴，应有一定间隙，该间隙一般为20~40 mm，当有物体砸落到安全帽壳时，帽衬可起到缓冲作用，使颈椎免受伤害。

3）佩戴安全帽必须系好下颌带，下颌带应紧贴下颌，松紧以下颌有约束感，但不难受为宜。

4）长发作业人员佩戴安全帽时应将头发放进帽衬。

安全帽是施工现场保护作业人员免受意外伤害的重要劳动防护用品，但在使用过程中需要注意一些事项。安全帽必须符合国家标准及行业标准；安全帽的佩戴必须规范；使用安全帽时应注意保持其清洁和卫生，避免在使用过程中受到污染或损坏。只有正确使用和保护安全帽，才能充分发挥其作用，确保工作人员的生命安全。

（2）安全帽的使用要求

1）使用安全帽时，要选择与自己头型适合的安全帽。佩戴安全帽前，要仔细检查合格证、使用说明、使用期限。调整帽衬尺寸，其顶端与帽壳内顶之间必须保持40~50 mm的空间。这个空间能形成一个能量吸收系统，使遭受的冲击力分布在头盖骨的整个面积上，减轻对头部的伤害。

2）不能随意对安全帽进行拆卸或添加附件，以免影响其原有的防护性能。佩戴安全帽一定要戴正、戴牢，不能晃动，调节好后箍，以防其脱落。安全帽在使用过程中会逐渐老化失效，所以要经常进行外观检查。如果发现帽壳与帽衬有异常损伤或裂痕，或帽衬与帽壳内顶之间水平垂直间距达不到标准要求的，不能继续使用，应当更换新的安全帽。

3）安全帽不用时，需放置在干燥通风的地方，远离热源，不要受日光的直射，这样才能确保在有效期内的防护功能，安全帽使用期限一般不超过三年，到期的安全帽要进行检验，符合安全要求才能继续使用，否则必须更换。安全帽只要受过一次强力撞击，就无法再次有效吸收外力，有时尽管外表上看不到任何损伤，但是内部已经遭到破坏，不能继续使用。

4）安全帽的使用要符合以下规定：装配作业必须佩戴安全帽；带电作业应当佩戴安全帽，预防触电事故；高处作业必须佩戴安全帽；起重作业必须佩戴安全帽；进入施工现场必须佩戴安全帽；其他应当佩戴安全帽的作业。

25. 安全帽的保养和维护有哪些注意事项?

安全帽是重要的头部防护装备，除了需要学会正确佩戴和使用安全帽，对于安全帽充分的保养和维护也是确保其发挥头部防护功能的必备手段。以下是安全帽保养和维护的几点注意事项。

（1）定期清洁

定期清洁是保养安全帽的基本步骤。使用中性的肥皂水或清洁剂，轻轻擦拭安全帽的外壳和内衬。避免使用过于激烈的清洁剂，以免损坏材料。清洁时，注意避免水进入帽壳内部和内衬。

（2）避免接触化学物质

避免安全帽与化学物质接触是关键。某些化学物质可能对安全帽的材质产生不良影响，导致其失去防护性能。在使用和存放安全帽时，避免接触酸碱性物质、有机溶剂和腐蚀性物质。

（3）避免高温和日晒

高温和日晒会导致安全帽材料变软、变形或失去弹性。因此，应避免将安全帽长时间暴露在此种环境下，如车内、阳光直射下或火源附近。此外，长时间的日晒也会损害安全帽的外观和性能，因此存放时应选择干燥、阴凉的地方。

（4）避免重物挤压

避免重物挤压是保护安全帽外壳完整性的重要措施，不要将重物放置在安全帽上，以免压力导致外壳破损或凹陷。存放时，应将安全帽放置在平坦的表面上，其上避免堆放其他重物。

（5）检查损坏和磨损

定期检查安全帽的损坏和磨损情况至关重要。如果发现安全帽有裂纹、破损、变形或其他明显的损坏情况，应立即更换。此外，应经常检查帽带、扣环和其他配件是否运作正常，确保其可靠性和稳定性。

（6）遵循制造商指南

不同品牌和型号的安全帽可能有特定的保养要求和建议。在保养安全帽时，参考制造商提供的指南和说明书，了解特定产品的保养方法和周期。这些指南可能包括更具体的清洁方法、存储要求和更详细的检查事项。

正确的安全帽保养和维护能确保头部防护的有效性，使其在使用期限内正常发挥功能。定期清洁、避免化学物质接触、避免高温和日晒、避免重物挤压以及定期检查损坏和磨损是保养安全帽的关键步骤。此外，遵循制造商提供的保养指南和说明书，以确保正确的保养程序。通过适当的保养和维护，可以确保安全帽始终处于良好的工作状态。

26. 安全帽应该具备哪些防护性能？

安全帽的主要防护对象为坠落物引起的撞击和穿刺对头部产生的有害影响，在特殊任务中，还需要安全帽具有其他的防护性能，如钢铁工业使用的安全帽需要具有对熔融金属的防护能力，对电力行业所使用的安全帽应规范其绝缘和耐高压性能。

我国安全帽所执行的国家标准为《头部防护　安全帽》（GB 2811—2019），其测试方法标准为《安全帽测试方法》（GB/T 2812—2006）。对安全帽的考察指标主要包括冲击吸收性能、耐穿刺性能、侧向刚性、防静电性能、绝缘性能、耐低温性能、阻燃性能等。

（1）冲击吸收性能

冲击吸收性能是安全帽防护能力的主要体现，其技术要求为：将安全帽按照规定的方法，经高低温处理、浸水、紫外线照射预处理后，将规定质量的重锤在特定高度处释放，重锤的撞击造成的冲击力不应大于 4 900 N，且帽壳不得有碎片脱落。

（2）耐穿刺性能

耐穿刺性能是研究安全帽对重物穿刺的防护能力，其技术要求为：将安全帽按照规定的方法，经高低温处理、浸水、紫外线照射预处理后，将固定质量和形状的穿刺锥在固定高度释放，钢锥不得接触头模表面，且帽壳不得有碎片脱落。

（3）侧向刚性

侧向刚性考察安全帽耐挤压的特性，在可能发生塌方、滑坡的场所，存在可预见的倾倒物体，以及可能发生低速冲撞的场所，安全帽的侧向刚性尤为重要。侧向刚性的技术要求为：按照规定的方法进行测试，安全帽的最大形变不应超过 40 mm，残余形变不超过 15 mm，帽壳无碎片脱落。

（4）防静电性能

安全帽的防静电性能属于一项特殊性能要求，在静电高度敏感或可能发生爆炸的危险场所必须配备具有防静电性能的安全帽，这些场所具体包括油船船舱、含高浓度瓦斯煤矿、天然气田、烃类液体灌装场所、粉尘爆炸危险场所及可燃气体爆炸危险场所。安全帽的防静电性能以表面电阻率表征，要求其不大于 1×10^9 Ω。

（5）绝缘性能

当作业场所存在触电危险时，使用者所佩戴的安全帽需要具有绝缘性能。安全帽的绝缘性能可通过泄漏电流进行表征，要求当在安全帽内外表面施加（1 200 ± 25）V 电压时，其泄漏电流不大于 1.2 mA。

（6）耐低温性能

温度的变化会导致部分聚合物和金属材料的力学性能退化，为了保证安全帽在低温下的使用，需要考察安全帽的耐低温性能。耐低温性能适用于头部需要保温且环境温度不低于 –20 ℃的作业场所。安全帽的耐低温性能通过帽体经低温预处理后的冲击吸收性能和耐穿刺性能进行规范，要求冲击力不超过 4 900 N，且帽壳不得有碎片脱落；经穿刺试验，钢锥不得接触头模表面，帽壳不得有碎片脱落。

（7）阻燃性能

阻燃性能要求适用于可能短暂接触火焰，短时局部接触高温物体或暴露于高温的场所。具有阻燃性能的安全帽应为耐高温的塑料或玻璃钢材质，要求按规定的方法测试，续燃时间不超过 5 s，帽壳不得烧穿。

27.　防护头罩的防护作用是什么？应如何选择使用？

防护头罩通常由头罩、面罩和披肩组成。为防御物体打击，防护头罩常与安全帽配合使用。常用于水泥喷浆、油漆喷涂、清砂、清灰、水泥灌装、高温热辐射、养蜂等作业场所。其作用具体表现为：保护头部安全，防护头罩可以保护劳动者的头部免受落物、碰撞等外力的伤害，这是其主要的作用；减少碰撞伤害，如果劳动者的头部受到了碰撞，防护头罩可以吸收和减少碰撞对头部的伤害；防止热源伤害，一些防护头罩还可以防止头部受到火花、热源等的伤害，这对于在具有火灾或者热源风险环境下作业的劳动者来说非常重要；提高安全意识，戴防护头罩可以提高劳动者的安全意识，促使其更加重视安全。

防护头罩的材料可根据作业环境进行选择。对要求防湿、防水、防烟尘的防护头罩，可选用防水织物制作，没有裂缝和开口，连接处要密封。面罩多用有机玻璃制作。在高温环境下，防热辐射和火焰的头罩，选用喷涂铝金属的织物或阻燃的帆布制作，面部用镀铝金属膜的有机玻璃制成观察窗。

28. 工作帽的防护作用是什么？如何佩戴使用工作帽？

工作帽是用于防止头部脏污、擦伤、发辫受运转机器绞碾的软质帽，主要作用是对头部进行保护。其可防止一般性物理因素伤害或其他事故，具有一定程度的安全作用。工作帽主要是对头部，特别是头发起到防护作用，故也称为护发帽。

工作帽对头发主要起两种防护作用，一是可以保护头发不受灰尘、油烟和其他环境因素的污染；二是可以避免头发被卷入转动部件。在有传动链、传动带或滚轴等的机器旁工作时，头发长的女工尤其要注意佩戴工作帽，曾经出现了很多因为没有佩戴工作帽进行操作而因头发被卷入机器至死的惨痛教训。另外，工作帽还可以起到防止异物进入颈部的作用。如炼钢工人和铸造工人佩戴的工作帽，帽体上有一个长的披肩，不但能够对头发起到防护作用，而且也可以防止钢花飞溅时落入颈部，使劳动者免遭烫伤。

工作帽一般要求帽体美观大方，佩戴舒适，凉爽轻巧。在不需要防尘的情况下，也可以用带孔的编织品制作，通风效果更好。长舌工作帽可以遮光，也可以起安全警示作用，在帽体上设一个较长的帽舌，可以阻挡阳光对眼睛的直射，帽舌的另一个作用是在劳动者精力不集中、头部有与机器等相碰的危险时，帽舌可先于人的头部碰到运动中的物体，使人警觉。

工作帽一般用经久耐用的纤维织物制作，样式不宜过于复杂，要容易洗涤熨烫。工作帽的大小最好可以随意调节，以适合各种头型的人佩戴。选用工作帽时，要根据自己的工作性质和实际需要进行选择。使用时一定要持之以恒，帽体一定要戴正；要把头发全部罩在帽中，以免头发露在外面而降低防护作用。

四、呼吸防护用品的使用

29. 为什么要使用呼吸防护用品？

生产过程中危害呼吸器官的因素主要有生产性粉尘和化学毒物两大类。一般来说，劳动者在进行固体物质的粉碎、碾磨、筛分、拌和、包装、运输，以及矿山钻孔、爆破、筑路、凿岩等作业中都会接触到大量粉尘。长期悬浮在空气中的、粉尘颗粒越细的，越容易被人体吸入，特别是小于 5 μm 的呼吸性粉尘，会直接进入肺泡并沉积，导致硅肺病或其他尘肺病，轻则丧失劳动能力，重则死亡，严重影响劳动者的身体健康，给成千上万家庭带来痛苦。另外，接触生产性毒物的行业和工种也很多，如化工、制药、油漆、冶金、印刷等工业生产中会产生许多化学有毒物质，人体吸入后可引起急性或慢性中毒，有的有害物质甚至可以引起恶变，如白血病、癌症等。据统计，95% 左右的职业中毒是吸入有毒物质所致，因此预防尘肺、职业中毒、缺氧窒息的关键是对呼吸器官进行防护。

呼吸器官的防护是指操作人员佩戴有效、适宜的防护器具，直接防御有害气体、蒸气、尘、烟、雾经呼吸道进入体内，或者供给清洁空气，从而保障其在尘毒污染或缺氧环境中的正常呼吸和安全健康。因操作条件或工艺设备所限，在尘毒污染、检修、抢救、剧毒作业以及在狭小密闭舱内操作，都必须重视呼吸器官的防护，选用合适的呼吸防护用品。使用呼吸防护用品对于保护劳动者的呼吸系统、保障生命安全、提高工作效率以及防止交叉感染等方面都具有非常重要的意义，具体表现为以下内容。

（1）保护呼吸系统

呼吸防护用品能够有效地保护劳动者的呼吸系统，防止有害物质对呼吸系统的侵害，从而降低呼吸系统疾病的发生率。

（2）保障生命安全

在生产过程中，尤其是在处理有害物质的情况下，使用呼吸防护用品能够有效地保障劳动者的生命安全。例如，在化学实验室或化工企业中，劳动者需要使用呼吸防护用品来防止有毒有害气体的吸入，从而避免因吸入有毒气体而导致的生命危险。

（3）提高工作效率

使用呼吸防护用品能够提高劳动者的工作效率。在生产过程中，如果没有得到适当的保护，劳动者可能会因为呼吸不畅或吸入有害物质而感到不适，这会影响劳动者的工作效率。而使用呼吸防护用品能够有效解决这些问题。

（4）防止交叉感染

在生产过程中，劳动者的呼吸系统可能会成为病菌、病毒等微生物的传播途径。使用呼吸防护用品能够有效地防止这些微生物的传播，从而降低劳动者交叉感染的风险。

30. 常见的呼吸防护用品都有哪些种类？

根据结构和原理，呼吸防护用品可分为过滤式和隔离式两大类；按其防护用途，呼吸防护用品可分为防尘、防毒和供氧三大类。

（1）过滤式呼吸防护用品

这类防护用品是以佩戴者自身呼吸为动力，将空气中有害物质予以过滤净化，可分为防尘口罩和防毒面具两种。

1）自吸过滤式防尘口罩是用于防御各种粉尘和烟雾等质点较大的固体有害物质的防尘呼吸器，这种口罩有复式和简易式两种。其中，复式防尘口罩由主体（口鼻罩）、滤尘盒、呼气阀

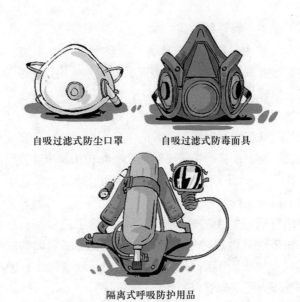

自吸过滤式防尘口罩　　　自吸过滤式防毒面具

隔离式呼吸防护用品

和系带等部件组成；简易式防尘口罩没有滤尘盒，大部分不设呼气阀，依靠夹具、支架或直接将滤料做成口鼻罩。

2）自吸过滤式防毒面具主要用于防御各种有害气体、蒸气、气溶胶等有害物质，通常称为防毒口罩或防毒面具，可分为直接式与导管式两种。前者为滤毒罐（盒）直接与面罩相连，后者为滤毒罐（盒）通过导气管与面罩相连。防毒面具的面罩分为全面罩和半面罩：全面罩有头罩式和头戴式两种，应能遮住眼、鼻和口；半面罩一般只能遮住鼻和口。

（2）隔离式呼吸防护用品

这类防护用品能使佩戴者的呼吸器官与被污染的环境隔离，由呼吸器自身供气（空气或氧气）或从清洁环境中引入空气来维持人体的正常呼吸。按其供气方式，隔离式呼吸防护用品可分为自给式与外界输入式两种。

1）自给式有空气呼吸器和氧气呼吸器两种，结构包括面罩、短导气管、供气调节阀和供气罐，呼吸通路与外界隔绝。供气形式采用罐内盛装压缩氧气（空气）或过氧化物与呼出的水蒸气及二氧化碳发生化学反应产生氧气两种。

2）外界输入式有电动送风呼吸器、手动送风呼吸器和自吸式长管呼吸器三种，与自给式的主要区别在于供气源由作业场所外输入口罩（面具或头盔）内。外界输入式由口罩（面具或头盔）、长导气管、减压阀、净化装置及调节阀等组成。

31. 如何进行呼吸防护用品的检查与保养？

呼吸防护用品是使用者呼吸器官、眼睛和面部与外界受污染空气隔绝，依靠自身携带的气源或靠导气管引入受污染环境以外的洁净空气为气源供气，保障使用者正常呼吸的呼吸防护用品。为保证呼吸防护用品的有效性，在使用前、中、后各阶段对呼吸防护用品进行检查和保养是必要的操作。

（1）应按照呼吸防护用品使用说明书中的有关内容和要求，定期检查和维护呼吸防护用品。由经过培训的人员实施检查和维护，对使用说明书中未包含的内容，应及时向生产者或经销商询问。

（2）呼吸防护用品在每次使用前和佩戴后，应检查其部件是否齐全完好，是否有老化破损现象，根据情况及时更换失效部件。

（3）对于自给式空气呼吸器，使用后应立即更换用完或部分用完的气瓶或气体发生器，并更换其他过滤部件。更换气瓶时不允许将空气瓶与氧气瓶互换。

（4）应使用专用润滑剂润滑高压空气或氧气设备。

（5）使用者不应自行重新装填过滤式呼吸防护用品的滤毒罐（盒）内的吸附过滤材料，也不得采取任何方法自行延长已经失效的过滤元件的使用寿命。

相关链接

　　我国目前选择呼吸防护用品的原则，一般是根据作业场所的氧含量是否高于18%来确定选用过滤式还是隔离式，根据作业场所有害物质的性质和最高浓度确定选用全面罩还是半面罩。

32. 如何进行呼吸防护用品的日常维护？

　　呼吸防护用品，如口罩、呼吸面罩和呼吸防护装置等，在日常生活和特殊环境下都起到重要的防护作用。然而，要保证呼吸防护用品的有效性，就需要进行正确的日常维护。

　　（1）日常清洁

　　呼吸防护用品在使用后应立即进行清洁，避免积累细菌和污垢。可以使用温水和肥皂或中性清洁剂轻轻擦洗，然后用清水冲洗干净。一些特殊的呼吸防护用品，如N95口罩，可以通过蒸汽清洗或消毒液浸泡来清洁。清洁后，用柔软的干燥纸巾擦拭或者自然风干。

　　（2）定期更换滤芯

　　如果呼吸防护用品中有可更换的滤芯，应按照生产商的说明进行定期更换。滤芯的寿命通常由使用频率和环境条件决定。滤芯的功能在使用一段时间后会逐渐减弱，无法提供充分的防护效果。因此，定期更换滤芯是确保呼吸防护用品有效性的重要措施。

　　（3）使用与储存的环境卫生

　　使用与储存呼吸防护用品的环境应保持干燥清洁。湿度和污垢可能会导致呼吸防护用品失效或受到损坏。使用时应避免将呼吸防护用品放在可能接触到污染物的表面上。在储存时，可以将它们放在干燥的塑料袋中以保持清洁和防尘。

（4）避免过度拉伸或变形

呼吸防护用品通常是由特殊的材料制成的，如弹性织物或硅胶。因此，在使用和处理时应避免过度拉伸，以免损坏呼吸防护用品的紧密性和防护功能。

（5）定期检查和维修

定期检查呼吸防护用品的整体状况和功能性。检查是否有损坏、磨损或松动的部分，特别是密封部分。如果发现问题，应立即更换或修复。

（6）储存期间的维护

如果呼吸防护用品在一段时间内没有使用，需要采取一些措施进行保养。可以将其放置在干净的塑料袋中，并在储存期间定期检查和清洁。储存期间应定期更换塑料袋，以确保储存环境的干燥和卫生。

总之，呼吸防护用品的维护方法与其种类和材料有关。无论是口罩、呼吸面罩还是呼吸防护装置，正确的清洁、滤芯更换和定期检查是保持其有效性和安全性的关键。遵循以上维护方法可以确保呼吸防护用品在面对不同环境和状况时提供最佳的防护效果。最后，也要注意关注生产商提供的具体指导和建议，以确保正确和安全地使用和维护。

33. 呼吸防护用品的选择和使用应注意哪些问题？

在工业生产过程中，可能存在有害气体、蒸气、粉尘、烟和雾等经过呼吸道，威胁人们的安全健康，而呼吸防护用品是保障在尘、毒污染或缺氧环境中作业人员正常呼吸的防护用品。

（1）呼吸防护用品的选择

正确选择及使用合适、合格的呼吸防护用品，直接关系作业人员的工作质量甚至生命安全。因此，在选择呼吸防护用品时，需要考虑防护性、适合性、舒适性和质量稳定性等因素。

1）根据有害环境选择。

①进行有害环境的识别。是否能够识别有害环境；是否缺氧及氧气浓度值；是否存在空气污染物及其浓度；空气污染物存在形态，是颗粒物、气体或蒸气，还是混合物；还应了解其是否有明显挥发性、放射性、油性、职业卫生标准、职业接触限值；是否经皮肤吸收；是否对皮肤过敏；是否刺激或腐蚀皮肤和眼睛等。

②进行危害程度的判断。如果有害环境性质未知，应作为职业接触限值环境；如果缺氧或无法确定是否缺氧，应作为职业接触限值环境；如果空气污染物浓度未知、达到或超过职业接触限值浓度，应作为职业接触限值环境；若空气污染物浓度未超过职业接触限值浓度，应根据国家有关的职业卫生标准规

定浓度确定其危害因数；若同时存在一种以上的空气污染物，应分别计算每种空气污染物的危害因数，取数值最大的作为危害因数。

③根据危害程度选择呼吸防护用品的类型。适用于职业接触限值环境的呼吸防护用品是配全面罩的正压式 SCBA（自给式空气呼吸防护用品）；在配备适合的辅助逃生型呼吸防护用品前提下，配全面罩或送气头罩的正压供气式呼吸防护用品。

④非职业接触限值环境的防护。选择 APF（指定防护因数）大于危害因数的呼吸防护用品。

2）根据污染物种类选择。

①颗粒物的防护。可选择隔绝式或过滤式呼吸防护用品。若选择过滤式，应注意以下几点：防尘口罩不适合挥发性颗粒物的防护，应选择能够同时过滤颗粒物及其挥发气体的呼吸防护用品；应根据颗粒物的分散度选择适合的防尘口罩；若颗粒物为液态或具有油性物质，应选择有适合过滤元件的呼吸防护用品；若颗粒物具有放射性，应选择过滤效率为最高等级的防尘口罩。

②有毒气体和蒸气的防护。可选择隔绝式或过滤式呼吸防护用品。若选择过滤式，应注意以下几点：应根据有毒气体和蒸气种类选择适用的过滤元件，对现行标准中未包括的过滤元件种类，应根据呼吸防护用品生产者提供的使用说明书选择；对于没有警示性或警示性很差的有毒气体或蒸气，应优先选择有失效指示器的呼吸防护用品或隔绝式呼吸防护用品。

③颗粒物、有毒气体或蒸气同时防护。可选择隔绝式或过滤式呼吸防护用品。若选择过滤式呼吸防护用品，应选择有效过滤元件或过滤元件组合。

（2）呼吸防护用品使用安全要求

1）使用前，检查呼吸防护用品各零部件的状况，更换损坏部件。

2）对于过滤式呼吸防护用品，应定期检查滤盒，必要时进行更换。

3）不允许使用者自行重新装填过滤式呼吸防护用品的滤毒罐（盒）内的吸附过滤材料，也不允许采取任何方法自行延长已经失效的过滤元件的使用寿命。

4）在使用时，应检查呼吸防护用品的气密性，如果发现漏气，应重新进行调整，直至不再漏气为止。

> **知识学习**
>
> 　　劳动者在职业活动过程中长期反复接触某种或多种职业性有害因素，不会引起绝大多数接触者不良健康效应的容许接触水平。化学有害因素的职业接触限值分为时间加权平均容许浓度、短时间接触容许浓度和最高容许浓度三类。

34. 怎样选择合适的防尘口罩？

防尘口罩是从事和接触粉尘的作业人员必不可少的呼吸防护用品，主要用于含有低浓度有害气体和蒸气的作业环境以及会产生粉尘的作业环境。

（1）防尘口罩的材质及分类

防尘口罩滤毒盒内仅装吸附剂或吸着剂，有的滤毒盒还装有过滤层，可同时防气溶胶。有些军用防毒口罩主要由活性炭布制成，或者用抗水、抗油织物为外层，玻璃纤维过滤材料为内层，浸活性炭的聚氨酯泡沫塑料为底层，可在遭受毒气突然袭击时提供暂时性防护。

防尘口罩的种类很多，但都采用复合的过滤材料制成。一般的过滤材料有活性炭纤维、活性炭颗粒、熔喷布、无纺布和静电纤维等，另外还有一些特殊的过滤材料主要用来防范其他特殊有毒气体或放射性颗粒等。防尘口罩可以按照使用次数和外形来分类。按使用次数，防尘口罩可以分为一次性防毒防尘口罩、多次性防毒防尘口罩和可回收式防毒防尘口罩等。按外形，防尘口罩可以分为半面具式、全面具式、平面式、杯型式和鸭嘴式等。

另有带呼气阀设计的防尘口罩。这类防尘口罩由无毒、无味、不过敏、无刺激的原材料制成，能减少热量积聚，使呼吸更轻松，适合在高温、高湿环境下长时间使用。有高滤效、低阻力、可调节鼻夹，使口罩与脸部的密闭性更好，粉尘不能轻易漏入。经过静电处理的过滤层，能有效地隔滤和吸附极细微的有害工业粉尘，可防止尘肺病。氨纶丝材料的松紧带，能对使用者产生更有效的保护作用。该类口罩主要应用于建筑业、农业、畜牧业、食品加工业、水泥厂、纺织厂、重金属有害污染物作业场所。

（2）防尘口罩的选择

1）过滤效率。防尘口罩最重要的功能之一就是过滤空气中的颗粒物。因此，过滤效率是选择防尘口罩时需要考虑的最重要的因素之一。以 KN100 防尘口罩为例，KN100 防尘口罩在过滤效率方面达到了 99.97% 以上，可以有效地帮助劳动者抵御空气中的污染物和有害颗粒。

2）材质。防尘口罩的主要材料包括纤维和静电棉等。建议选择高品质的材料，优质材料能够显著提高防护效果，有效阻挡有害颗粒进入呼吸道，减少对劳动者身体的危害。

3）舒适和耐用性。舒适性和耐用性也是考虑防尘口罩的重要因素。透气的材质和良好的密封设计能够增加舒适度，从而使口罩更加舒适耐用。此外，可以选择可拆卸的口罩设计，以便更换和清洗。

4）合适的尺寸。防尘口罩的尺寸也很重要，选择时应选择合适的尺寸，以确保口罩能够完全覆盖口鼻，防止有害颗粒进入呼吸道。

5）符合标准。一定要选择符合标准的防尘口罩，符合标准的防尘口罩能够有效地保护劳动者的呼吸系统健康。相关标准有以下几个。

首先是国家标准《呼吸防护　自吸过滤式防颗粒物呼吸器》（GB 2626—2019），该标准规定了防尘口罩的技术要求，包括过滤效率、呼吸阻力、密封性能、使用寿命等。符合该标准的防尘口罩可以有效过滤空气中的颗粒物，保护人们的呼吸系统。

其次是医用口罩的标准《一次性使用医用口罩》（YY/T 0969—2013），该标准规定了医用口罩的技术要求和检测方法，包括细菌过滤效率、呼吸阻力、合格率等。医用口罩是医护人员在接触患者时必须佩戴的防护用品，具有防止血液、体液和分泌物等飞溅的作用。

此外，还有一些行业标准和地方标准，如《建筑室内细颗粒物（PM2.5）污染控制技术规程》（T/CECS 586—2019）等。

35. 如何正确佩戴防尘口罩，应注意哪些问题？

防尘口罩结构虽然简单，但使用并不简单。选择适用且适合的防尘口罩只是防护的第一步，要想防护口罩真正起到作用，必须正确使用。

（1）防尘口罩的佩戴方法

防尘口罩必须大小适合，佩戴方式也必须正确。

1）先将头带每隔 2 ~ 4 cm 拉松一次。

2）将防尘口罩放置在掌中，将鼻位金属条朝指尖方向，让头带自然垂下。

3）戴上防尘口罩，使鼻位金属条部分向上，紧贴面部。

4）将防尘口罩上端头带放于头后，下端头带拉过头部，置于颈后，调校至舒适位置。

5）将双手指尖沿着鼻梁金属条，由中间至两边，慢慢向内按压，直至紧贴鼻梁。

使用防尘口罩时，应双手尽量遮盖防尘口罩并进行正压及负压测试。

正压测试方法：双手遮着防尘口罩，大力呼气。如空气从防尘口罩边缘溢出，即佩戴不当，须再次调校头带及鼻梁金属条。

负压测试方法：双手遮着防尘口罩，大力吸气，防尘口罩中央会陷下去。如有空气从防尘口罩边缘进入，即佩戴不当，须再次调校头带及鼻梁金属条。

（2）使用防尘口罩的注意事项

1）定期更换防尘口罩。出现以下情况时应及时更换防尘口罩：防尘口罩受污染，如染有血渍或飞沫等异物；使用者感到呼吸阻力变大；防尘口罩损毁；在防尘口罩与使用者面部密合良好的情况下，使用者感到防尘滤棉的呼吸阻力很大，说明滤棉上已附满粉尘颗粒；在防尘口罩与使用者面部密合良好的情况下，当使用者闻到有毒物质的气味时，应该及时更换新的防毒滤盒。

2）防尘口罩不宜长期佩戴。从人的生理结构来看，人的鼻腔黏膜血液循环非常旺盛，鼻腔里的通道又很曲折，鼻毛构起一道过滤的"屏障"。如果长期戴防尘口罩，会使鼻腔黏膜变得脆弱，失去鼻腔的原有生理功能，故不能长期佩戴防尘口罩。

3）防尘口罩的外层往往积聚着很多外界空气中的灰尘、细菌等污物，而里层阻挡呼出的细菌、唾液，因此，两面不能交替使用，否则会将外层沾染的污物在直接紧贴面部时吸入人体，成为传染源。

4）防尘口罩在不戴时，应叠好放入清洁的包装袋内，并将紧贴口鼻的一面向里折好，切忌随便塞进口袋里或挂在脖子上。

5）若防尘口罩被呼出的热气或唾液弄湿，其阻隔病菌的作用就会大大降低。所以，平时最好多备几只防尘口罩，以便替换使用。防尘口罩应每日换洗一次，洗涤时应先用开水烫5 min，再用手轻轻搓洗，清水洗净后在清洁场所风干。但是，有活性炭过滤材料的口罩和一次性口罩不必清洗。

36. 如何正确使用自吸过滤式防毒面具？

自吸过滤式防毒面具是以佩戴者自身呼吸为动力，克服部件和过滤器的阻力，净化空气中有害物质的呼吸保护器。

（1）合理选用

滤毒盒（罐）的防护性能针对性较强，不能乱用或混用。常用的几款滤毒罐的防护对象如下。

1）1号滤毒罐。标色为绿色，主要防护综合气体，如氰氢酸、氯化氰、砷化氰、光气、双光气、氯化苦、苯、溴甲烷、路易氏气、二氯甲烷、芥子气。

2）2号滤毒罐。标色为橘红色，主要防护一氧化碳、各种有机物蒸气、氢氰酸及其衍生物。

3）3号滤毒罐。标色为棕色，主要防护有机气体，如苯、丙酮、醇类、二硫化碳、四氯化碳、三氯甲烷、溴甲烷、氯甲烷、硝基烷、氯化苦。

4）4号滤毒罐。标色为灰色，主要防护氨、硫化氢。

5）5号滤毒罐。标色为白色，主要防护一氧化碳。

6）6号滤毒罐。标色为黑色，主要防护汞蒸气。

7）7号滤毒罐。标色为黄色，主要防护酸性气体和蒸气，如二氧化硫、氯气、硫化氢、氮的氧化物、光气、磷和含磷有机农药。

8）8号滤毒罐。标色为蓝色，主要防护硫化氢。

（2）连接防毒面具

旋下罐盖，将滤毒罐接在面罩下面，取下滤毒罐底部进气孔的橡皮塞。

（3）检查全套面具的气密性

使用前应先检查全套面具的气密性，将面罩和滤毒罐连接好，戴好防毒面具，用手或橡皮塞堵住滤毒罐进气孔，深呼吸，如没有空气进入，则此套面具气密性较好，可以使用，否则应修理或更换。

（4）正确使用

佩戴时如闻到毒气气味，应立即离开有毒区域。在有毒区域的氧气占总体积18%以下、有毒气体占总体积2%以上的地方，各型号滤毒罐都不能起到防护作用。

（5）合理储存

每次使用后应将滤毒罐上部的螺帽盖拧上，并塞上橡皮塞后储存，以免内部受潮。滤毒罐应储存于干燥、清洁、空气流通的库房环境，严防潮湿、过热，滤毒罐有效期为5年，超过

5 年应重新鉴定。

37. 如何佩戴和使用正压式空气呼吸器？

正压式空气呼吸器主要适用于消防、化工、船舶、自来水厂、油气田等领域。在火灾、有毒有害气体及窒息等恶劣环境中，作业人员佩戴该呼吸器可以自救逃生，还可进行生产作业及应急处置。

正压式空气呼吸器可以自救逃生，进行生产作业及应急处置。

（1）正压式空气呼吸器的构造

1）气瓶和气瓶阀组。气瓶阀上装有过压保护膜片，当瓶内压力超过额定压力的 1.5 倍时，保护膜片自动卸压。气瓶阀上还设有开启后的止退装置，使气瓶开启后不会被无意地关闭。

2）减压器组件。减压器组件安装于背板上，通过一根高压管与气瓶阀相连接。减压器的主要作用是将空气瓶内的高压空气降为低而稳定的中压，供给供气阀使用。

3）报警器。报警器的作用是防止使用者忘记观察压力表指示压力，出现气瓶压力过低而不能安全退出灾区的危险。由于每个人的呼吸量不同、做功量不同、退出灾区的距离不同，使用者应根据自身情况确定退出灾区所必需的气瓶压力，绝不能机械地理解为报警后才开始撤离灾区。而且在佩戴过程中，使用者必须经常观察压力表，防止报警器失灵后出现压力过低的情况。

4）供气阀。供气阀的主要作用是将中压空气减为一定流量的低压空气，为使用者提供呼吸所需的空气。供气阀设有节省气源的装置，可防止在系统接通之后、戴上面罩之前，气源的过量损失。

5）面罩。面罩为全面结构，面罩中的内罩能防止镜片出现冷凝气，保证视野清晰。面罩上安装有传声器及呼吸阀，通过快速接头与供气阀相连接。

6）压力表。压力表用来显示瓶内的压力。

（2）正压式空气呼吸器的佩戴方法

1）背戴气瓶。将气瓶阀向下背上气瓶，通过拉肩带上的自由端，调节气瓶的上下位置和松紧度，直到感觉舒适为止。

2）扣紧腰带。将腰带扣紧，然后将左右两侧的伸缩带向后拉紧，确保扣牢。

3）佩戴面罩。将面罩的所有带子放到最松，把面罩置于使用者脸部，然后将头带从头部的上前方向后下方拉下，由上向下将面罩戴在头上。调整面罩位置，将下巴放入面罩下部凹形内，先收紧下端的两根颈带，然后收紧上端的两根头带及顶带，如果感觉不适，可调节头带松紧。

4）面罩密封。用手按住面罩接口处，通过吸气检查面罩密封是否良好。深呼吸，此时面罩两侧应向人体面部移动，人体感觉呼吸困难，说明面罩气密性良好，否则再收紧头带或重新佩戴面罩。

5）装供气阀。将供气阀上的接口对准面罩插口，用力往上推，安装牢固。

6）检查呼吸器性能。完全打开气瓶阀，此时应能听到报警器短促的报警声，否则说明报警器失灵或者气瓶内无气。同时观察压力表读数。通过几次深呼吸检查供气阀性能，呼气和吸气都应舒畅，无不适感觉。

7）正确佩戴且经认真检查后即可投入使用。

使用过程中要随时观察压力表，注意报警器发出的报警信号。使用结束后，首先用手捏住下面左右两侧的颈带扣环向前推，松开颈带，再松开头带，将面罩由下向上脱下。其次转动供气阀上旋钮，关闭供气阀，并将腰带解开。最后放松肩带，将呼吸器从背上卸下，关闭气瓶阀。

（3）使用正压式空气呼吸器的注意事项

1）不准在有标记的压缩空气瓶内充装任何其他种类的气体，否则可能发生爆炸。

2）压缩空气瓶应避免碰撞、高温、沾染油脂和太阳直射。

3）每个压缩空气瓶都应附有合格证，必须妥善保管，不得丢失。

4）不得改变气瓶表面颜色。

5）严禁混装、超装压缩空气。

38. 井下常用的自救器有哪些种类？各自的适用范围是什么？

自救器是一种轻便、体积小、便于携带、戴用迅速、工作时间短的个人呼吸防护装备。当井下发生火灾、爆炸、煤和瓦斯突出等事故时，佩戴自救器可有效防止作业人员中毒和窒息。

自救器按其作用原理可分为过滤式和隔离式两种。隔离式自救器又分为化学氧和压缩氧自救器两种。

过滤式自救器是一种专门过滤一氧化碳，使之转化为无毒的二氧化碳的自救装置，主要用于水灾或瓦斯、煤尘爆炸时防止一氧化碳中毒，适用条件受空气中含氧量及有毒气体种类的限制，只能用于氧气浓度不低于18%、一氧化碳浓度不高于1%且不含其他有害气体的空气条件。

化学氧自救器是利用生氧药品产生氧气供人呼吸，佩戴者的呼吸气路与外界空气完全隔绝，不受外界条件的限制，适用于井下发生火灾、瓦斯和煤尘爆炸、煤（岩）与瓦斯突出事故。如果现场人员身体未受到直接伤害，都可以佩戴该类自救器。在冒顶堵人事故中，可以佩戴该类自救器静坐待救，以防止因瓦斯渗入导致氧气含量降低而造成窒息死亡事故。

压缩氧自救器是利用压缩氧气供氧的隔离式呼吸保护器，可反复多次使用，每次使用后只需要更换新的吸收二氧化碳的氢氧化钙吸收剂并重新充装氧气即可重复使用。该类自救器可用于存在有毒气体或缺氧的环境条件下。

39．如何正确佩戴化学氧自救器？

化学氧自救器可以隔绝灾区空气，能通过化学反应产生氧气。利用超氧化钾或超氧化钠与二氧化碳反应生成氧气来达到自救的目的，以下是其正确佩戴方法。

（1）佩戴时，将腰带穿入化学氧自救器腰带环内，并固定在背部后侧腰间。

（2）使用时，先将自救器沿腰带转到右侧腹前，左手托底，右手下拉护罩胶片，使护罩挂钩脱离壳体丢掉，再用右手将封条断开后，丢开锁口带。

（3）左手抓住壳体下部，右手将壳体上部用力拔下丢掉。

（4）将挎带套在脖子上。

（5）用力提起口具，立即拔掉口具塞并同时将口具放入口中，口具片置于唇齿之间，牙齿紧紧咬住牙垫，紧闭嘴唇。

（6）两手同时抓住两个鼻夹垫的圆柱形把柄，将弹簧拉开，憋住一口气，使鼻夹垫准确地夹住鼻子。

（7）戴好头带。将头带分开，一根戴在头顶，另一根戴在后脑勺上。

（8）戴好安全帽，迅速撤离灾区。

（9）撤离灾区时，若感到吸气不足，应放慢脚步，做深呼吸，待气量充足后再快步行走。

⚖ 法律提示

> 行业标准《化学氧自救器初期生氧器》（AQ 1057—2008）中规定了化学氧自救器初期生氧器的术语和定义、分类、技术要求、试验方法、检验规则、标志、包装、储存。该标准适用于化学氧自救器用的氯酸盐热分解式初期生氧器、酸瓶起动药剂式初期生氧器、压缩氧小气瓶式初期生氧器等。

40. 如何正确佩戴压缩氧自救器？

压缩氧自救器又叫隔绝式压缩氧自救器，是以高压压缩氧气作为氧气源的可重复使用的自救逃生器材，主要在煤矿或普通大气压的作业环境中发生有毒有害气体突出及缺氧窒息性事故时使用。压缩氧自救器可使人体呼吸系统内部与外界隔绝，供遇险人员快速自救逃生。该自救器具有质量轻、体积小、呼吸舒适和携带方便等特点。根据防护时间分类，有15、30、45 min 等几种规格。

（1）正确佩戴方法

1）携带时挎在肩膀上。

2）使用时，先打开外壳封口带扳把，再打开上盖。

3）然后左手抓住氧气瓶，右手用力向上提上盖，此时，氧气瓶开关即自动打开，随后将主机从下壳中拖出。

4）挎上挎带。

5）拔开口具塞，将口具放入嘴内，牙齿咬住牙垫。

6）将鼻夹夹在鼻子上，开始呼吸。

7）在呼吸的同时，按动补给按钮1~2 s，气囊充满后立即停止（使用过程中发现气囊放空、供气不足时，按上述方法重复操作）。

8）挂上腰钩。

（2）注意事项

1）高压氧气瓶储装有20 MPa的氧气，携带过程中要防止撞击磕碰，或当坐垫使用。

2）携带过程中严禁开启扳把。

3）佩戴该自救器撤离时，严禁摘掉口具、鼻夹或通过口具讲话。

> **相关链接**
>
> 压缩氧自救器主要适用于以下环境：
>
> （1）供煤矿井下作业人员在发生火灾、瓦斯爆炸或瓦斯突出等事故，以及救护队员在呼吸器发生故障时，安全撤出灾区时使用。
>
> （2）供化工部门在有毒有害气体逸出时使用。
>
> （3）供在石油开采作业时，天然气或其他毒性气体大量突出时使用。
>
> （4）供高层建筑在发生火灾时，楼内人员佩戴逃生或待救时使用。
>
> （5）消防队员或其他部门在有毒有害气体或缺氧环境中使用及互救使用。
>
> 根据《隔绝式化学氧自救器、压缩氧自救器、氧气呼吸器防护性能检验装置》（MT/T 59—2008）的相关要求，压缩氧自救器的材料应具备以下性能：系统内使用的金属或非金属材料不得分解出有毒、有害、有味气体；外壳和紧固件采用耐腐蚀或经耐腐蚀处理的材料；橡胶和塑料材料应具有良好的耐热、耐寒和耐老化性能等。

41. 自救器的使用有哪些注意事项？

自救器是入井人员在井下发生火灾、瓦斯爆炸、煤尘爆炸、煤与瓦斯突出时，防止有害气体中毒或缺氧窒息的一种随身携带的呼吸防护器具，是一种体积小、质量轻、便于携带的防护个人呼吸器官的装备。主要用途是当煤矿井下发生事故时，矿工可以佩戴它通过充满有害气体的井巷，迅速离开灾区。自救器使用时要注意以下事项。

（1）入井前要用腰带把自救器系在左侧腰部，或挂在离本人岗位不远的地方，一旦发生事故，可以快速地佩戴好自救器。

（2）严禁随意拆开自救器。随意拆动内部生氧药罐的任何部件，或外壳意外开启，就应立即停止使用此自救器，要做报废处理。

（3）自救器在井下或地面应避免碰撞、掉落；不准当坐垫用，也不准用尖锐器具砸自救器外壳；不能接触带电体或浸泡在水中。

（4）每班携带时，要检查自救器外部有无损伤、松动，如发现不正常现象，应及时更换完好的自救器并携带入井，再把有问题的自救器送到发放室检查校验，不可把损坏的自救器携带入井。

（5）发生瓦斯、煤尘爆炸事故时，要立即戴上自救器，做到沉着、冷静，迅速退出危险区。在没有到达安全地点以前，切不可摘掉口具和鼻夹。

（6）撤离危险区时，要匀速快步行走，呼吸要均匀，禁止狂奔乱跑，防止意外伤害。

（7）严禁佩戴过滤式自救器进入缺氧盲巷（氧含量低于16%）和进入含其他有害气体的场所（一氧化碳除外）。

（8）自救器的有效使用时间约为 40 min，佩戴自救器后不可在危险区久停，也不可顺烟雾风流一直走向回风井，应按避灾路线行进，从最近巷道尽快走出危险区，进入安全、新鲜风流区。

（9）过滤式自救器只能供本人从危险区撤退时使用。在非特殊情况下，严禁佩戴自救器去救人和从事危险区的其他工作，防止事故扩大。

（10）戴上隔绝式自救器行走过程中，自救器在生氧药品作用下，壳体会逐渐变热并使吸气温度逐渐升高，这表明自救器正常工作，千万不要惊慌或因吸气干热而取下口具、鼻夹。在行进中严禁通过口具讲话或摘掉口具讲话，防止有毒有害气体中毒。如遇到冒落危险地区时，可快步行走，当快步行走一段路后，会感到呼吸阻力大、气不够用，这时可放慢脚步缓解一下，即能正常呼吸。

（11）佩戴过程中口腔产生的唾液可以咽下，也可任其自然流入口水盒降温器，严禁拿下口具往外吐。

（12）使用压缩氧自救器，应按期更换二氧化碳吸收剂药品，以保证使用时的安全。禁止随意打开氧气瓶开关。如氧气瓶开关有缓慢漏气现象，应立即送去检修，再把氧气充足。

五、眼面部防护用品的使用

42. 生产过程中常见的眼面部伤害因素有哪些？

为有效保护眼面部不受伤害，需根据危害因素的不同而选择不同的眼面部防护用品，并正确使用。劳动者在劳动生产过程中，常常会因飞来的异物、化学物质或光线对眼面部造成伤害。据统计，职业性眼面部伤害约占工业伤害的5%，而眼部面积只占人体表面积的1/600。也就是说，相对其他人体器官，眼面部更易受到职业性伤害。

（1）异物性眼伤害

铸造、机械制造、建筑是发生眼外伤的主要行业。特别是在进行磨削加工、切削加工、铸铁、金属切割、碎石作业及混凝土作业时，如果防护不当，沙粒、金属碎屑等异物容易进入眼中，有时可引起溃疡和感染。有的固体异物高速飞出击中眼球，可发生严重的眼球破裂或穿透性损伤。农业生产中，也有很多物体可进入眼中，引起异物性眼伤害。

（2）化学性眼面部伤害

生产过程中，酸碱液体、腐蚀性烟雾进入眼中或冲击到面部皮肤，可引起眼角膜或面部皮肤烧伤。飞溅的氰化物、亚硫酸盐、强碱可引起严重眼烧伤，因为碱比酸的穿透性更强。

（3）非电离辐射眼伤害

非电离辐射是指波长为 100 nm 的可见强光、紫外线和红外线。在电气焊接、氧切割、炉窑、玻璃加工、热轧和铸造等场所，能产生可见强光、紫外线和红外线。紫外线可损伤人眼组织，引起日光性角膜炎、白内障、老年性黄斑退化等疾病。紫外辐射还可引起眼结膜炎，有畏光、疼痛、流泪、眼睑炎等症状，甚至引起电光性眼炎，这是工业中常见的职业性眼病。红外辐射眼组织可产生热效应，引起眼睑慢性炎症和职业性白内障。可见强光可引起眼睛疲劳和眼睑痉挛等，但这些症状是暂时的，不会留下病理变化。

（4）电离辐射眼伤害

包括 α 粒子、β 粒子、γ 射线、X 射线、热中子、质子和电子等辐射。电离辐射主要发生在原子能工业、核动力装置、高能物理实验、医疗门诊、同位素治疗等场所。眼睛受到电离辐射将产生严重的后果。

（5）微波和激光眼伤害

微波由于热效应可引起眼球晶体混浊，导致白内障的发生。激光投射到视网膜上可引起灼伤，甚至会引起眼球出血、蛋白凝固、溶化，导致永久失明。

相关链接

电光性眼炎是因眼睛的角膜上皮细胞和结膜吸收大量而强烈的紫外线所引起的急性炎症，由长时间在冰雪、沙漠、盐田、广阔水面作业，未戴防护眼镜引起，或因太阳、紫外线灯等强烈紫外线的照射而致。潜伏期为 6~8 h，发作时两眼突发烧灼感和剧痛，伴畏光、流泪、眼睑痉挛，头痛，眼睑及面部皮肤潮红和灼痛感，眼裂部结膜充血、水肿等症状。电光性眼炎如果继发感染而造成角膜溃疡，预后也会有角膜薄翳而影响视力。患者多数是接触电焊的劳动者，有时医务人员使用紫外线消毒灯也会出现此种症状。

发生了电光性眼炎后，最简便的急救措施是用煮过后冷却的鲜牛奶点眼，还能止痛。使用方法是，开始几分钟点一次，而后随着症状的减轻，点牛奶的时间间隔可适当地延长。还可用毛巾浸冷水敷眼，闭目休息。经过应急处理后，除了休息外，还要注意减少光的刺激，并尽量减少眼球转动和摩擦。

43. 眼面部防护用品都有哪些种类？

根据防护部位和防护性能，眼面部防护用品主要为防护眼镜和防护面罩，主要防护眼睛和面部免受紫外线、红外线和微波等电磁波辐射伤害，以及粉尘、烟尘、金属、砂石碎屑和化学溶液溅射的损伤。

（1）防护眼镜

防护眼镜常用柔韧的塑料和橡胶制成，框宽大，足以覆盖使用者的眼睛。防护眼镜按用途分为防固体碎屑的防护眼镜、防化学溶液的防护眼镜及防辐射的防护眼镜。

防固体碎屑的防护眼镜

防化学溶液的防护眼镜

防辐射的防护眼镜

1）防固体碎屑的防护眼镜。眼镜片和眼镜架应结构坚固，抗打击，框架周围装有遮边，其上应有通风口。该防护镜片可选用钢化玻璃、胶质黏合玻璃或铜丝网材料。

2）防化学溶液的防护眼镜。可选用普通平光镜片，镜框应有遮盖，以防溶液溅入。

3）防辐射的防护眼镜。镜片采用能反射或吸收辐射线，但能透过一定可见光的特殊玻璃制成。镜片镀有金属薄膜，可以反射射线。蓝色镜片吸收红外线，黄绿镜片同时吸收紫外线和红外线，无色含铅镜片吸收 X 射线和 γ 射线。

（2）防护面罩

在生产作业过程中，防护面罩是用来保护面部和颈部免受飞来的金属碎屑、有害气体喷溅、金属和高温溶剂飞沫伤害的用具。防护面罩按用途分为防打击面罩、防辐射面罩、防化学液体飞溅面罩、防烟尘毒气面罩及隔热面罩等。

1）防打击面罩。防打击面罩用透明的有机玻璃、塑料或金属网制成，可以防止金属屑、砂石等高速尘粒打击面部。

2）防辐射面罩。防辐射面罩由厚钢板压制而成，质地坚韧且质量轻，绝缘性能和耐热性能好。该面罩上开有观察孔，嵌入遮光护目镜。该面罩有头戴式和手持式两种，观察孔也有固定式和翻动式两种。

3）防化学液体飞溅面罩。该面罩大部分用有机玻璃制成。

4）防烟尘毒气面罩。防烟尘毒气面罩用人造革制成头盔面罩，镶有机玻璃观察孔及可以更换滤料的过滤口罩，可防止由于接触沥青粉尘导致脸部皮炎和咽喉炎。

5）隔热面罩。隔热面罩由铝箔隔热布和玻璃头盔组成，对热辐射反射效果好，质地柔软，防水，耐老化。

知识学习

护目镜与防护眼镜并非同一物品，护目镜一般用作滤光镜，用于防辐射等与光线相关的伤害；而防护眼镜则侧重于防止固体、液体等异物对眼部造成伤害。

防护眼镜的种类很多，有防尘眼镜、防冲击眼镜、防化学眼镜和防光辐射眼镜等，使用的场合不同需求的防护眼镜也不同。由于防护作用不同，镜片的特性也存在明显差别。需佩戴防护眼镜作业的人员，应了解自己工作环境中的有害因素，佩戴合适的安全防护眼镜，不可乱戴、混戴。

护目镜可以吸收某些波长的光线，而让其他波长光线透过，所以大多数护目镜都会呈现一定的颜色，所呈现颜色为透过光颜色。这种镜片在制造时，在一般光学玻璃配方中再加入了一部分金属氧化物，如铁、钴、铬、锶、镍、锰及一些稀土金属氧化物如和钕等，以达到吸收光线的效果。

44. 眼面部防护用品的各自用途是什么？

眼面部防护用品有防固体碎屑的防护眼镜或面罩、防化学溶液的防护眼镜或面罩、防辐射的防护眼镜或面罩、防打击面罩、焊接护目镜或面罩、防烟尘毒气面罩、隔热面罩等，其各自的用途不同。

（1）防固体碎屑的防护眼镜或面罩

主要用来防御金属或砂石碎屑等对眼睛的机械损伤，用于高低压带电作业、研磨、切割、钻凿、木工、爆破、操纵转动机械等作业。

（2）防化学溶液的防护眼镜或面罩

主要用来防御有刺激性或腐蚀性溶液对眼睛和面部的化学损伤，用于吸入性气溶胶毒性作业、沥青烟雾、矿尘、石棉尘作业以及腐蚀性作业。

（3）防辐射的防护眼镜或面罩

主要用来防御过强的紫外线等辐射对眼睛的伤害，用于高温作业、放射性矿物冶炼、核废料或核事故处理等作业。

（4）防打击面罩

多用于车、铣、刨、磨、凿岩等作业。

（5）焊接护目镜或面罩

适用于各种强光作业，以防弧光、电焊弧对眼面部伤害。

（6）防烟尘毒气面罩

适用于毒气较小的作业，如防沥青烟尘面罩。

（7）隔热面罩

适用于消防、冶金、玻璃、陶瓷及热处理等方面的作业。

45. 哪些工种或工作环境中需要使用眼面部防护用品？

眼面部防护用品是保护从业人员眼睛与面部的劳动防护用品，许多实际作业现场中都存在大量危害眼部和面部的有害因素，从业人员应该使用对应的脸面部防护用品，防止或减少职业性危害和意外事故伤害。

（1）高温作业必须使用防强光、紫外线、红外线护目镜或面罩。

（2）高压带电作业、生物性毒物作业、有碎屑飞溅的作业、操纵转动机械必须使用防护眼镜；低压带电作业、野外作业、车辆驾驶可使用防异物伤害护目镜。

（3）沾染性毒物作业、腐蚀性作业必须使用防化学溶液的防护眼镜；吸入性气溶胶毒物作业可使用防化学溶液的防护眼镜。

（4）强光作业必须使用焊接护目镜和面罩或炉窑式护目镜和面罩。

（5）激光作业必须使用防激光护目镜。

（6）荧光屏作业可使用防辐射护目镜。

（7）微波作业可使用防微波护目镜。

（8）射线作业必须使用防射线护目镜。

（9）铲、装、吊、推机械操作可使用防异物护目镜。

（10）机舱拆解工、农机修理工、带锯工、喷砂工、钳工、车工、冷作工、制铅粉工、开挖钻工、木工、拉丝工、玻璃切裁工、碾磨工要求使用防冲击眼护具。

（11）电镀工、绕线工、筑路工、下水道工、沥青加工工、酸洗工、汽车维修工、水泥制成工、合成药化学操作工、石棉纺织工、海洋水文气象观测工、中药方制剂工、天文测量工要求使用防异物眼护具。

（12）配料工、碳素制品加工工、电光源导丝制造工、工具装配工、机车司机、灯塔工、玻纤拉丝工、电解工、挤压工、陶瓷机械成型工、检验工、钨铜粉末制造工、单晶制备工、光电线缆绞制工、石油钻井工、采煤工、制粉清理工、化工操作工、调剂工等必须配备眼护具。

（13）铸造工要求使用防红外、防冲击眼护具。

（14）炉前工、玻璃熔化工要求使用防红外线眼护具。

46．防冲击眼护具有什么技术要求？

防冲击眼护具是预防铁屑、泥沙、碎石等物进入眼中引起伤害的劳动防护用品。防冲击眼护具包括防护眼镜、眼罩和面罩三类，各类防冲击眼护具应符合相关标准的规定。

（1）视野要求

最小上侧视野为 80°。对于两个镜片组成的眼护具，最小下方视野为 60°；对单片镜片组成的眼护具，最小下方视野为 67°。

（2）主要技术性能要求

1）抗高强度冲击性能。用于抗高强度冲击的眼镜，其镜片和成品应能经受直径 22 mm、重 45 g 的钢珠，从 1.3 m 高度自由落下的冲击。

2）抗高速粒子冲击性能。应符合《个人用眼护具技术要求》（GB 14866—2006）等标准的相关要求。

3）光学性能。镜片的棱镜度应低于 0.16D；屈光度在任何经线为 0.125D 以内；任何二条经线间的屈光度差应低于 0.125D，可见光透射率不小于 89%。

4）耐热性。镜片放在 67 ℃的水中，保温 3 min 后取出，再放入 4 ℃以下的水中，不应出现异常现象。

5）耐腐蚀性。金属部件清除表面油垢后，放入沸腾的 10%（质量分数）浓度的食盐溶液中，浸泡 15 min，取出后再放入室温下干燥 24 h，再用温水洗净，待其干燥，观察表面无腐蚀现象为合格。

6）塑胶镜片的耐磨性。耐磨性强的眼护具可以减少因为镜片磨损导致的视野模糊或变形，从而确保使用者能够清晰地看到周围的环境。

7）镜片的外观质量。将镜片置于背景，用 60 W 白炽灯照明目测，表面光滑，无划痕、波纹、气泡、杂质等明显缺陷。

47. 激光防护镜有哪些使用注意事项?

在使用激光器时，必须关注安全问题，并采取相应的防护措施，其中激光防护镜的使用就显得尤为重要。佩戴激光防护镜时有以下几点注意事项。

（1）佩戴前，要先检查激光防护镜是否有裂纹、变形等损坏情况，如果有，要及时更换。

（2）戴上激光防护镜后，要确保两侧镜片贴近面部，避免外界光线从侧缝进入。

（3）在使用激光器时，要佩戴好激光防护镜，镜片要面向激光源，保持镜面平整，避免反光和折射。

（4）使用过程中，要注意避免碰撞、摔落等情况，以保证镜片完整无损。

（5）使用完毕后，要将激光防护镜存放在干燥、通风、无尘的地方，避免太阳直射、高温等，以延长使用寿命。

正确的使用方法和保养措施不仅能确保使用者的安全，还能延长激光防护镜的使用寿命。因此，应该始终注意检查激光防护镜的状况，并严格按照要求正确佩戴和存放，以保障自身安全和健康。

48. 焊接防护面罩产品有哪些技术要求？

在使用过程中要经常检查面罩，看是否出现材料老化、变质、针孔、裂纹等现象以及其他机械损伤，如发现上述情况，应立即停止使用。在用的焊接防护面罩应具有以下技术性能要求。

（1）焊接眼护具材料

焊接眼护具的各部分材料应具有一定的强度、弹性和刚性，不能用有害于皮肤或易燃的材料制作，面罩头带使用的材料应质地柔软、经久耐用。

（2）焊接防护面罩材料

必须使用耐高温、耐腐蚀、耐潮湿、阻燃并具有一定强度和不透光的非导电材料制作。

（3）焊接防护面罩结构要求

部件要牢固，没有松动现象；金属部件不能与面部接触，掀起部件必须灵活可靠；表面光滑，无毛刺、无锐角或可能引起眼面部不适感的其他缺陷；可调部件应灵活可靠，结构零件易于更换；应具有良好的透气性。

（4）焊接防护面罩质量及规格

面罩的质量除去镜片、安全帽等附件后，不得大于 500 g。各类焊接面罩的长度、宽度、深度、观察窗合乎要求。

（5）焊接防护面罩的滤光片、保护片性能要求

表面质量及内在疵病、防护片可见光透射比、滤光片颜色、滤光片透射比、屈光度偏差、平行度和强度等与焊接防护眼镜要求一致。

（6）焊接防护面罩材料阻燃性能

焊接防护面罩的材料燃烧速度必须小于 76 mm/min，所用塑料要求离开火源 5 s 之内能自行熄灭。

49. 常见的焊接防护面罩产品有哪几种？

焊接防护面罩要求不但能有效防止各种有害光线对眼睛的照射，还要防止焊接过程中产生的飞屑等造成的眼部冲击伤害。常见的焊接防护面罩主要有以下几种。

（1）手持式焊接面罩

该类产品由面罩、观察窗、滤光片、手柄等部分组成。面罩部分用化学钢纸或塑料注塑成型。该类产品多用于一般短暂电焊、气焊等作业场所。

（2）头戴式电焊面罩

该类产品由面罩、观察窗、滤光片和头带等部分组成。按材料不同，又分为头戴式钢纸电焊面罩和头戴式全塑电焊面罩。头戴式电焊面罩与手持式电焊面罩结构基本相同。头

带由头围带和弓状带组成，面罩与头带用螺栓连接，可以上下翻动。不用时可以将面罩向上掀至额部，用时则向下遮住眼睛和面部。该类产品适用于电焊、气焊等操作时间较长的岗位。

（3）安全帽式电焊面罩

该类产品将电焊面罩与安全帽用螺栓连接在一起，可以灵活地上下翻动，适用于电焊。其既能防护电焊弧光的伤害，又能防止坠落物体打击头部。

50. 常见的焊接护目镜有哪些种类？

在工业生产中，铸造、机械加工、建筑等行业中存在许多焊接作业，而焊接作业往往会产生强光，对眼部造成刺激与伤害，因此要正确使用焊接护目镜。常见的焊接护目镜有以下几种。

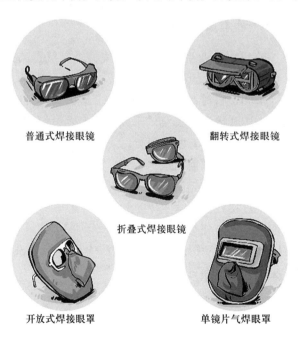

普通式焊接眼镜　　　　　　　　翻转式焊接眼镜

折叠式焊接眼镜

开放式焊接眼罩　　　　　　　　单镜片气焊眼罩

（1）普通式焊接眼镜

这种焊接眼镜可防弧光，式样与普通眼镜相同。

（2）翻转式焊接眼镜

这种焊接眼镜可将焊接滤光镜片翻转，便于观察焊接部位，同时在眼罩上设有透气孔，可以起到通风散热的作用。

（3）折叠式焊接眼镜

其特点是左右眼罩之间以轴链相接，可以折叠，携带方便。

（4）开放式焊接眼罩

其特点是滤光片可以根据需要更换不同的遮光镜片，更换时只需将滤光片从框架的插槽中向一侧推出，然后插上需要的镜片，非常方便。

（5）单镜片气焊眼罩

其特点是结构简单，间接通风。

51. 防热辐射面罩产品如何分类？

高温、热辐射作业生产场所的环境特点是气温高、热辐射强度大，而相对湿度较低，环境干热，如冶金工业的炼焦、炼铁、轧钢等车间，机械制造工业的铸造、锻造、热处理等车间，搪瓷、玻璃、砖瓦等工业的窑炉车间，火力发电厂和锅炉房等。防热辐射面罩产品主要有以下三类。

（1）头戴炉窑热辐射面罩

该类面罩为有机玻璃制成，头带可用红钢纸板或塑料制作。

（2）全帽连接式面罩

该类面罩是将有机玻璃面罩与安全帽前部用螺栓连接而成，可以上下掀动。不仅防热辐射，还可防异物冲击和头部伤害。

（3）头罩式防热面罩

该类面罩由面罩、头罩和披肩构成，分为全封闭式和半封闭式。头罩式防热面罩的头罩和披肩应用阻燃面料制作，在有热辐射的环境，应选白色或喷涂金属的材料制成，其反射热辐射性能较好。面罩若全由有机玻璃制成，表面镀金属或贴金属薄膜，屏蔽效果可达到98%，反射热辐射和隔热的效果更好。观察窗的滤光片可用镀金属膜无机玻璃或镀膜有机玻璃制作，若采用有机玻璃为基片，还可在有机玻璃片外再覆一层普通无机玻璃为防护片，以提高耐高温性能和抗摩擦性能。头罩式防热面罩多用于有热辐射、红外线辐射、火花飞溅的作业场所。

六、防护服装的使用

52. 生产劳动过程中对人体造成危害的因素包括什么？

在我们的日常生活和工作中，存在着各种各样的危害因素，其中包括温度、化学物质、辐射等。这些因素对人们的健康造成潜在威胁，我们应该了解并采取相应的防护措施，以保护自身免受这些危害的影响。

（1）高温、强热辐射

对人体的危害主要有两种情况。一种是局部性伤害，如皮肤烫伤及局部组织烧伤等；另一种是全身性伤害，如中暑及高温昏厥、抽搐等。

（2）低温

对人体的危害主要有三种情况。一是皮肤组织被冻疼、冻伤或冻僵；二是低温金属与皮肤接触时会将皮肤粘住，造成伤害；三是由于低温使人体热损失过多，对人体造成全身性生理危害所产生的不适症状，如呼吸和心率加快、颤抖，继而头痛；随着人体深部体温逐渐降低，症状逐渐加重，甚至可能导致死亡。

（3）化学药剂

如酸碱溶液、农药、化肥及其他经皮肤进入体内的化学液体，或将皮肤灼伤；或刺激皮肤产生过敏性反应、毛囊炎；或引起全身性中毒症状。

（4）微波辐射

微波对人体的危害，主要表现在外周白细胞总数暂时下降；长期接触微波的人员，可能出现晶体混浊，甚至发生白内障；

对生殖、内分泌机能、免疫功能等都可能产生不利影响。

（5）电离辐射

电离辐射对人体的伤害主要有两种类型。一种是大剂量辐射造成的急性辐射伤害；另一种是长期小剂量辐射积累造成的慢性辐射伤害，其症状基本相同，如细胞和血小板减少、明显贫血、胃肠功能紊乱、毛发脱落、白内障、齿龈炎等，晚期有癌变，以再生性贫血和白细胞减少症较为多见。

（6）静电危害

人体静电电击，可能由带电体对人体放电，也可能由带静电的人体对接地体放电，其结果造成电流流经人体产生电击或造成指尖受伤等机能损伤。若因此产生心理障碍、恐惧感，会导致二次事故。此外，还可能因电击发生皮炎、皮肤烧伤等。

以上列举的危害因素中，每一种都需要引起足够的重视。在面对这些危害因素时，应当坚持安全第一的原则，提高自我防护意识，适当地使用劳动防护用品，并采取相应的预防措施，以确保自身的健康和安全。只有通过对危害因素的认识和防范措施的落实，才能创造一个更安全、更健康的生活和工作环境。

53. 什么是防护服装？防护服装有哪些分类？

防护服装是躯干防护的主要防护装备，其构造因使用目的不同，在设计上有很大的不同。对于多数防护物理性伤害的服装，其组成与普通服装类似，仅需要在开口部位（如领口、袖口、裤口、下摆口等）进行收口处理，避免外界有害因素（如电磁波、射线等）从开口部位进入，同时也可以避免服装内人体携带的灰尘等因素进入作业场所。服装外部的兜应根据使用的需要配备兜盖，且部分服装的兜不得使用斜插兜，以避免熔融金属进入。对机械伤害进行防护的防护服装，可以采用更为简单的款式，如肚兜、围裙、马甲等形式，对需要防护的部位进行覆盖。

多数对化学和生物有害因素进行防护的防护服装对身体部位的包覆更为全面,同时对服装的接缝等连接处具有更高的要求。防护气态化学品和致病微生物的防护服装多为连体式,且接缝处应有适当的防护措施以保证其气密性,对袖口、领口、裤脚的要求也更为严格。对液态物质(如熔融金属、液态化学品等)的防护服装,还应具有特殊的设计,避免活褶上倒等易引起液态物质积存的结构。

防护服装通过使用不同功能的面料实现对不同危险因素的防护。例如,防静电服通过对普通面料进行防静电处理,或在织造过程中以适当的方式添加导电纤维来实现其防静电性能。阻燃面料多是通过对面料进行阻燃处理,如提高织物燃点、改变织物结构、改变织物在燃烧过程中释放物质的含量(提高释放物质中水分及其他密度大且不燃烧气体的释放量)等实现阻燃的。对化学品的防护是通过对面料进行涂覆处理,或者使用高致密性的面料对化学品进行阻挡等手段实现的。对机械刺穿及切割的防护,主要通过使用高强度聚合物纤维、金属纤维或直接使用金属环或链形成防护层,保护躯干免受机械性伤害因素的威胁。

目前,在我国市场上常见的防护服装主要包括防静电服、隔热服、焊接服、化学防护服、微波辐射防护服、带电作业屏蔽服、高可视性警示服、防寒服、防切割服、无尘衣、防化服等,用以防护一般作业场所常见的危害。不同用途的防护服装,具有的防护特性也不尽相同,与之相关的国家标准也不同。使用者应依据作业场所存在的危害选择适当的防护服装。常见的防护服装有防水服、核防护服、化学防护服等。

(1)防水服

防水服是防御水透过和渗入的防护服,包括防护雨衣、下水衣、水产服等，主要用于防护从事淋水、喷溅水、排水、水产养殖、矿井、隧道等水中作业的人员。防水服的产品类别包括胶布防护雨衣和防水工作服，适用于从事淋水作业人员穿戴。

（2）核防护服

核防护服也称管道式气衣，可使维修人员免受α放射性气溶胶污染的危害。

核防护服也称管道式气衣（或加压送风防护服），可使维修人员免受 α 放射性气溶胶污染的危害。其适用范围如下：

1）适用于包括焊接及热切割在内的热室内维修操作，但不能用于灭火作业；

2）适用于化工等有剧毒危险作业的抢修、维修等作业；

3）适用于传染病预防和生物战剂等极危险作业。

辐射防护服包括中子辐射防护服、100 千电子伏以下辐射防护服、射频微波辐射防护服、防 X 射线服、紫外线防护服五大类，主要作用是防止人体直接暴露于辐射源之下，避免人体受到辐射伤害。

（3）化学防护服

化学防护服是用耐酸、耐碱织物或橡胶、塑料等材料制成的防护服装，是从事酸碱作业人员使用的具有防酸碱性能的服装。

化学防护服产品根据材料的性质不同，分为透气型耐酸碱服和不透气型耐酸碱服。

透气型耐酸碱服用于中、轻度酸碱污染场所的防护，产品有分身式和大褂式两种。不透气型耐酸碱服用于严重酸碱污染场所，有连体式、分身式和围裙等。

54. 防护服装的类型和使用功能用什么样的符号表示?

防护服装的类型和使用功能通常用特定的符号或标记来表示。这些符号或标记可以用于指示防护服装的类型、等级、使用场合和其他特定信息。常见防护服装防护功能和类型的图形符号分别如表 6-1 和表 6-2 所示。

表 6-1　常见防护服装防护功能的图形符号

图形符号	防护功能	图形符号	防护功能
	防止转动部件		防热防火
	防冻		防切割和刺穿

续表

图形符号	防护功能	图形符号	防护功能
	防恶劣天气		防颗粒辐射污染
	防化学品		防机械伤害
	防静电		防微生物
	防链锯伤害	—	—

表6-2　常见防护服装类型的图形符号

图形符号	防护服装类型	图形符号	防护服装类型
	高可视性警示服		微波辐射防护服

续表

图形符号	防护服装类型	图形符号	防护服装类型
阻燃服级别	阻燃服	防护级别	焊接服
	消防员防护服		喷砂操作者防护服
	化学防护服	—	—

55. 防护服装有哪些性能要求？使用防护服装应注意什么？

（1）防护服装是一种用于保护劳动者或人员免受各种危险环境、物质或活动伤害的特殊服装。它在许多领域中都起着重要的作用，如医疗、实验室、化工、消防等。为了确保防护服装的安全功能，防护服装需要满足以下性能要求。

1）符合材料要求。防护服装通常由防护材料制成，如聚酯纤维、阻燃材料、绝缘材料等。符合材料要求可以确保防护服装具备抗化学品、火焰、电弧等危险物质的性能，并能提供足够的防护效果。

2）优质缝合工艺。防护服装的制作需要采用优质的缝合工艺，以确保防护服装的密封性和耐用性。缝合过程应符合相关标准，如焊接强度、耐久性、抗拉强度等。

这防护服装的质量也忒差了，还不如俺娘做的老棉裤结实呢……

3）合理的设计和舒适性。防护服装的设计应考虑穿着者的舒适性和便利性。防护服装应有适当的通风和防水功能，以确保穿着者的舒适度和干燥度。

4）适当的尺寸和贴合度。防护服装的尺寸和贴合度对于其防护性能至关重要。防护服装应该有多个尺寸可供选择，并应采用调整装置来确保良好的贴合度，以适应不同体型的穿着者。

5）耐久性和易清洗性。防护服装应具备一定的耐久性，能够在一定时间内保持其防护性能。同时，防护服装应易于清洗和消毒，以确保其卫生性和再利用能力。

6）抗静电和防爆能力。特定领域的防护服装还应具备抗静电和防爆能力。这些要求可以通过采用抗静电材料和添加防爆装置来实现。

7）标识要求。防护服装应具备清晰可见的标识，包括制造商名称、产品型号、生产日期、使用说明等。这些标识可以帮助穿着者正确使用防护服装，并且可追溯其来源。

8）适用标准的符合性。防护服装应符合相应的国家或地区的技术标准和规定，如《防护服　一般要求》(GB/T 20097—2006)。

9）性能测试要求。防护服装需要经过各种性能测试来评估其安全性能，包括抗液体渗透性、防风性、防火性、抗化学品性等。测试结果应符合相应的技术标准要求。

（2）在使用防护服装时应该注意以下几点。

1）防护服装购进穿用前，应对照产品技术条件检查其质量。

2）使用前熟悉其性能，认真阅读产品说明及注意事项，进行必要的穿着训练。

3）选择合适的防护服装。不同的作业环境需要不同类型的防护服装，应根据作业环境的特点选择适合的防护服装。例如，对于有化学品飞溅风险的环境，需要使用化学防护服；对于高温环境，应选择隔热防护服。

4）按说明书介绍的方法穿用。防护服装应密封接合，松紧适当，穿着舒适。应将防护服的下摆裤腿、裤袖与鞋口、手套口一起套牢，以确保不会有任何被污染的物质进入。

5）要重视防护服装的使用条件，不可超限穿用。

6）避免破损和损坏。使用和存储防护服装时应避免与锐利物品接触以及避免穿着不规范。

7）定期检查和更换。作业完毕，应检查和评估防护服装的状况。如发现任何破损、穿孔、磨损、腐蚀、变色等缺陷，应及时更换新的防护服装，并将其报废处理。

8）特殊作业防护使用完毕，应检查、清洗、晾干保存，以备下次使用。产品应存放于干燥、通风、清洁的库房。以橡胶为基料的防护服装，可用肥皂水洗净后冲洗晾干，撒上滑石粉存放；以塑料为基料的防护服装，一般只需在常温下清洗、晾干；以特殊织物为基料的防护服装，如等电位均压服、微波防护服、防静电服等应远离油污，保持干燥，防止腐蚀性物质腐蚀，避免织物中的金属等导电纤维折断，这类防护服装应定期检查其电性能指标。

56. 哪些作业场所必须按要求穿着防护服装？

穿着防护服装可以有效保护作业人员的身体不受伤害，提高作业安全性。同时，不同的防护服装也具备不同的防护性能，如防化学品、防辐射、防火和耐高温等，以应对不同的工作环境和危险因素。在进行如下作业时，必须严格遵守防护服装的穿着规定，确保作业人员的安全。

（1）井下作业。

（2）有强热辐射、烧灼危险的作业。

（3）有因刺割、绞、碾压危险或严重磨损而可能引起外伤的作业。

（4）接触有毒、有放射性物质，对皮肤有感染的作业。

（5）接触有腐蚀物质的作业。

（6）在严寒地区冬季经常从事野外、露天作业而自备棉衣不能御寒的工种，以及经常从事低温作业的工种。

57. 什么是化学防护服？有哪些分类？

根据《防护服装　化学防护服》（GB 24539—2021）的相关定义，化学防护服是指用于防护化学物质对人体伤害的服装。具体可以分为以下十三类。

（1）全包覆式化学防护服

可完全覆盖穿着者（或完全覆盖穿着者和呼吸防护装备）并且能够提供气密和 / 或液密防护的服装。

（2）非全包覆式化学防护服

提供对绝大部分人体（至少包括躯干、手臂和腿部）防护的服装，但无须覆盖穿着者使用的呼吸装备。

（3）有限次使用的化学防护服

对服装面料强度和耐磨性要求较低，仅一次性使用或者在服装未受污染前有限次数使用的防护服装。

（4）可重复使用的化学防护服

对服装面料强度和耐磨性要求较高，使用后进行必要的洗消处理，经评估，依然可提供有效防护的防护服装。

（5）气密型化学防护服

带有头罩、视窗和手足部防护的单件化学防护服，当配套适宜的呼吸防护装备时，能够防护较高水平的有毒有害化学物质（气态、液态和固态颗粒物等）。

（6）应急救援响应队伍用的化学防护服

应急救援工作中作业人员所穿着的化学防护服类型。

（7）气密型化学防护服 –ET（应急救援响应队伍用）

应急救援工作中作业人员穿着的，带有头罩、视窗和手足部防护的，能够防护气态、液态和固态颗粒等有毒有害化学物质的单件化学防护服类型。

（8）液密型化学防护服

防护液态化学物质的防护服装。

（9）喷射液密型化学防护服

防护具有较高压力液态化学物质的全身性防护服装。

（10）泼溅液密型化学防护服

防护具有较低压力或者无压力液态化学物质的全身性防护服装。

（11）固体颗粒物化学防护服

防护作业场所空气中固态化学颗粒物的全身性防护服装。

（12）有限泼溅型化学防护服

能够对液态化学物质进行有限防护的全身性防护服装。

（13）织物酸碱类化学防护服

由机织面料构成，能够防护液态酸性或/和碱性化学品（不包括氢氟酸、氨水和有机酸碱）的防护服装。

58. 什么是防静电服？有什么使用要求？

根据《防护服装　防静电服》（GB 12014—2019）的相关定义，防静电服是指以防静电织物为面料，按规定的款式和结构制成的以减少服装上静电积聚为目的的工作服。防静电服是在易产生静电积累的作业场所，为消除工作服的静电积累所必备的个人防护用品。具体使用要求如下。

（1）凡是在正常情况下，爆炸性气体混合物连续地、短时间频繁地出现或长时间存在的场所及爆炸性气体混合物有可能出现的场所，可燃物的最小点燃能量在 0.25 MJ 以下时，应穿用防静电服。

（2）禁止在易燃易爆场所穿、脱防静电服。

（3）禁止在防静电服上附加或佩戴任何金属物件。

（4）穿用防静电服时，还应与防静电鞋配套使用，同时地面也应是导电地板。

（5）防静电服应保持清洁，保持防静电性能，使用后用软毛刷、软布蘸中性洗涤剂刷洗，不可损伤面料纤维。

（6）穿用一段时间后，应对防静电服进行检验，若防静电性能不符合标准要求，则不能再作为防静电服使用。

59. 阻燃（消防类）服的概念及其分类是什么？

根据《防护服装　阻燃服》（GB 8965.1—2020）的相关定义，阻燃服是指在接触火焰及炽热物体后，在一定时间内能阻止本身被点燃、有焰燃烧和无焰燃烧的防护服装。它适用于从事有明火、散发火花、在熔融金属附件操作和在有易燃物质并有发火危险的场所工作者使用。

消防服是保护活跃在消防第一线的消防队员人身安全的重

要装备品之一，它不仅是火灾救助现场不可或缺的必备品，也是保护消防队员身体免受伤害的防火用具。因此，适应火灾现场救助活动的消防服就显得尤为重要。消防服可以分为以下四类。

（1）消防员灭火防护服。消防员在进行灭火救援时穿着的专用服装，用来对其上下躯干、头颈、手臂、腿进行热防护，但防护服装的防护范围不包括头部、手部和脚部。

（2）消防员抢险救援防护服装。消防员在抢险救援作业时穿戴的抢险救援防护服、抢险救援防护头盔、抢险救援防护手套和消防员抢险救援防护靴等全套防护服装。

（3）消防员隔热防护服。消防员在靠近火焰或强热辐射区域进行灭火救援时穿着的隔热防护服。

（4）消防员化学防护服装。消防员在处置化学事件时穿着的消防员化学防护服装。

60. 什么是隔热服？使用时有什么注意事项？

根据《防护服装　隔热服》（GB 38453—2019）的相关定义，隔热服是指按规定的款式和结构缝制的以避免或减轻工作过程中的接触热、对流热和热辐射对人体的伤害为目的的工作服。正确的使用隔热服可以有效地保护人体免受高温、低温、辐射等对身体的伤害，使用时应注意以下事项。

（1）隔热服在使用之前必须认真检查是否完好，有无破损的地方。

（2）隔热服严禁在有化学和放射性伤害的场所使用。

（3）隔热服必须佩戴空气呼吸器及通信器材，以保证在高温状态下使用人员的正常呼吸，以及与指挥人员的联系。

（4）隔热服在使用后表面的烟垢、熏迹可用棉纱擦净，其他污垢可用软毛刷蘸中性洗涤剂刷洗，并用清水冲净，严禁用水浸泡或捶击，冲净后悬挂在通风处，自然干燥，以备使用。若使用中受到灼烧，应检查各部位是否损坏。如无损坏，可继续使用。

（5）如果隔热服已与化学品接触，或发现有气泡现象，则应清洗整个镀铝表面；如果留有油液或油脂的残余物，则要用中性肥皂进行清洗。

（6）防火隔热服应储存在干燥通风、无化学污染处，并经常检查，以防霉变。

61. 高可视性警示服的概念及分级标准是什么？

根据《防护服装 职业用高可视性警示服》（GB 20653—2020）的相关定义，高可视性警示服（以下简称警示服）是指利用荧光材料和反光材料进行特殊设计制作，以增强穿着者在可见性较差的高风险环境中的可视性并起警示作用的服装。

根据可视性的相对强弱，警示服分为三个级别。每个级别的警示服应含有相应面积的可视性材料（如基底材料、反光材料或组合性能材料）。警示服可视性材料的最小使用面积见表6-3。

测量面积时，应选取服装的最小设计号型，并将所有拉链、搭扣等扣件全部扣合到最小位置。将衣服平整放置在桌面上进行测量，测量区域包括躯干及四肢部位。

在计算可视性材料的使用面积时，只计入满足设计要求的材料。当使用两种或更多种基底材料时，不考虑颜色，只统一计算面积。任何类型的图案、印字或标签均不计入表6-3中最小可视面积的计算。

单件服装或者整套服装（如上衣加裤子）均可以评定警示服级别。如果使用者穿上整套服装后，整套服装的可视性材料面积所满足的警示服级别高于其中任一单件服装的级别，则

表 6-3　警示服可视性材料的最小使用面积表

项目	3 级警示服	2 级警示服	1 级警示服
基底材料	0.80 m^2	0.50 m^2	0.14 m^2
反光材料	0.20 m^2	0.13 m^2	0.10 m^2
组合性能材料	—	—	0.20 m^2

可以按照整套服装的可视性材料面积评定警示服级别。整套服装的警示服级别应分别标注在每个单件服装的标签和使用说明中。

为保证 360° 可视性，服装各个面都应设计有可视性材料，水平反光带和荧光材料应环绕躯干、裤腿和袖子。服装前部、后部配置的可视性材料面积均应不低于相应级别警示服可视性材料最小使用面积的 40%。

3 级警示服应覆盖整个躯干，且至少在袖子或长裤裤腿上环绕反光带。

62. 油和水对人体有什么影响？抗油、拒水类防护服适用于什么行业？

在工业环境中，油类物质通常是指各种机械油、润滑油和燃料油，这些油类物质可能含有有害化学物质，如多环芳烃和重金属。长期或大量接触这些油类物质可能会导致皮肤疾病，如接触性皮炎、油脂瘤等，以及更严重的情况。油雾和油烟的吸入对呼吸系统同样有害，可能导致呼吸道刺激和肺部疾病。

　　虽然水是生命的基本要素，但在某些工作环境中，长时间与水接触可能对皮肤造成伤害。长期的湿润条件会使皮肤软化，减弱其作为屏障的功能，从而增加受到细菌或真菌感染的风险。长时间暴露在冷水中可能导致雷诺现象或冻伤，而暴露于热水中可能导致热伤害。此外，还有可能导致肌肉疲劳、关节炎症和其他肌肉骨骼问题。

　　抗油、拒水类防护服适用于以下几类行业。

　　（1）机械制造

　　在机械制造和维修过程中，工作人员常常需要接触各种润滑油和冷却液。抗油、拒水类防护服可以有效保护他们免受这些物质的侵害。

　　（2）材料化学工程

　　化学工程师和技术人员经常需要处理各种化学溶剂、酸、碱等。抗油、拒水类防护服能够提供必要的安全防护，防止这些腐蚀性液体接触到皮肤。

（3）建筑与土木工程

在建筑和土木工程项目中，施工人员可能会接触到各种建筑材料和化学品，如油漆、密封剂等。这类防护服装可以保护他们免受这些物质的伤害。

（4）矿山

矿工在开采过程中可能会遇到含油或湿润的环境。抗油、拒水类防护服能够保持他们身体的干燥和舒适，减少皮肤病的风险。

（5）电力和能源

在处理变压器油、润滑油时，这类防护服装可以为工作人员提供必要的安全保护。

63. 核防护服与辐射防护服的作用和用途是什么？

核防护服是专为防护强烈核辐射而设计的防护装备。这类防护服装通常由重质材料制成，如铅、钨或硼化合物，以有效阻挡或减少高能伽马射线和中子射线的穿透。为了应对由于重质材料导致的过热问题，高级的核防护服还可能包含冷却系统。核防护服的设计目的是最大限度地减少辐射对人体关键器官的影响，尤其是在高风险环境下，如核电站的维修、处理高放射性物质或核事故应急响应。这些服装通常提供全身覆盖，以确保全面的防护。

辐射防护服则更专注于防止低至中等级别的放射性物质，如 α 粒子、β 粒子的污染，以及阻止放射性尘埃或液体的接触。这类防护服装一般由轻质材料制成，有时会内衬铅或类似材料以提供额外的防护。主要设计目的是防止放射性污染接触皮肤或通过呼吸道进入体内，因此它们可能包括全身覆盖的连体服、手套、鞋套和面罩等。辐射防护服在医疗行业的放射诊断和治疗（如 X 射线操作）、实验室处理放射性样本以及工业放射性物质检测等场合中非常常见。

知识学习

　　辐射是以波或粒子的形式向周围空间传播能量的统称。根据电离能力将辐射分为电离辐射与非电离辐射两类。防护服装一般是针对电离辐射设计的。

　　电离辐射是指其携带的能量足以使物质原子或分子中的电子成为自由态，从而使这些原子或分子发生电离现象的辐射。

　　非电离辐射由于辐射能量低，不能从原子、分子或其他束缚状态放出电子，包括紫外线、热辐射、可见光、无线电波和微波等。

64. 其他类防护服装还有哪些？各自的作用是什么？

　　在探讨个人防护装备时，人们常常关注于如核防护服、辐射防护服和化学防护服等更为人所知的类型。除此之外，还有许多其他重要的防护服装在特定的工作环境中同样扮演重要角色，包括生物防护服、防寒服等。这些防护服装各自针对不同的风险和工作条件进行设计，提供了针对性的保护，确保了工作人员在面对各种挑战时的安全与健康。

　　（1）生物防护服

　　生物防护服用于保护作业人员免受有害微生物、生物活性物质和污染物的影响，这类防护服装的主要作用是创建一个防护屏障，防止微生物和其他生物危害物质接触作业人员的皮肤和黏膜，从而减少感染和污染的风险。

　　在建筑行业中，尤其是在那些可能存在微生物污染的施工现场，如旧医院、生物研究设施的翻新或拆除工程，生物防护服也十分重要。生物防护服不仅提供物理隔离，还能防止有害物质通过呼吸道进入体内，为作业人员在面对生物危害时提供全方位的保护。这类防护服装的设计和材料选择通常侧重于耐用性、防渗透性和舒适度，以适应长时间佩戴的需求。

（2）防寒服

在冷库、冷藏运输和冷链物流中，防寒服可以保护作业人员免受低温环境的影响。这些行业的工作环境通常涉及长时间的低温暴露，可能导致体温过低或冻伤。而这类防护服装通常采用特殊的绝缘材料制成，能够锁住体温，同时防止冷空气的侵入，确保穿着者在冰冷环境中保持温暖和干燥。

在建筑工程、路桥建设等户外工作中，防寒服同样不可或缺。在这些环境中，作业人员可能需要在户外进行长时间的工作，同时面临着风雪、低温和湿冷等恶劣条件。防寒服不仅提供了必要的保温措施，还有助于提高工作效率。此外，良好的防寒服还设计有灵活的活动范围，使作业人员在进行重物搬运、机械操作或其他物理活动时能够自如移动。

七、足部防护用品的使用

65. 导致足部伤害的因素有什么?

足部伤害在作业场所是一个严重的问题,它不仅会对个人的健康造成直接影响,还可能导致工作中断、工作效率下降和医疗费用的增加等问题。足部是人体重要的支撑部位,任何损伤都可能导致疼痛、行动不便甚至长期残疾。足部骨折、肌腱损伤或严重的软组织损伤可能需要长时间的治疗和康复,严重的情况下甚至可能导致永久性的功能障碍。因此,我们需了解导致足部伤害的因素,以便采取适当的预防措施。

(1)坠落物伤害

在建筑工地、制造厂或仓库等环境中,工具、材料或其他重物可能从高处落下,直接砸在作业人员的脚上。这种情况尤其在登高作业时常见,落下的物体可能因其质量和落差造成作业人员骨折、挫伤甚至开放性伤口。

(2)尖锐物体伤害

工地上或某些工作区域可能散落有钉子、金属片、玻璃碎片等尖锐物品。如果踩踏这些物品,尖锐的部分可能穿透鞋底,伤及足部。这些伤害通常导致穿刺伤,可能伴有严重出血和感染风险。

(3)滑倒和跌倒伤害

在油腻、湿滑或不平整的表面工作,或穿着缺乏足够摩擦力的鞋子,都会增加滑倒和跌倒的风险。滑倒可能导致脚踝扭伤,而跌倒可能导致更复杂的足部损伤,如骨折或严重软组织损伤。

(4)化学物质溅射伤害

处理或搬运化学品时,这些物质可能不慎溅射到脚部。尤其当涉及腐蚀性或有毒化学品时，可能发生化学烧伤、皮肤刺激或其他严重反应，需及时进行应急救护处理。

（5）电击伤害

在带电环境中穿着不合适的鞋子，尤其是那些不能提供适当绝缘的鞋子，增加了触电的风险，可能导致对体内器官的严重伤害，甚至致命。

（6）极端温度伤害

在极热（如铸造作业）或极冷（如冷库工作）的环境中，足部暴露于极端温度中都会造成伤害。在高温环境中作业可能导致烧伤，而在低温环境中可能导致冻伤。

（7）长时间站立伤害

长时间站立作业，尤其是在硬质或不平整的地面上，会对足部造成持续压力。长期站立作业可能导致足部疼痛、肿胀、慢性劳损伤害，如足底筋膜炎或关节炎。

66. 高温因素对足部有什么伤害？

在高温作业环境中，足部安全不容忽视。这类环境常见于钢铁厂、铸造厂、炼油厂等行业，对作业人员的健康和安全构成了严峻的挑战。高温环境下的足部伤害不仅可能导致严重的身体损害，如烧伤和皮肤问题，还可能因为疼痛和不适影响工作效率和生活质量。长期暴露于高温环境甚至可能导致慢性健康问题，因此，了解并预防高温环境下可能对足部造成的伤害，关乎于作业人员的整体健康。

（1）烧伤

烧伤是高温环境中最常见的足部伤害之一，尤其在直接接触热源（如炽热的金属表面或熔融物质）时更为常见。这种类型的伤害范围可以从轻微的一度烧伤（仅表皮损伤）到严重的三度烧伤（深层组织损伤）。烧伤不仅引起剧烈疼痛，还可能导致长期的皮肤损伤和功能障碍。

（2）热应激反应

在高温工作环境中，过度暴露可能导致热应激反应，如热衰竭或热射病。这些条件通常伴随过度出汗、头晕、恶心等症状，严重时甚至可能导致意识丧失。虽然这不是直接的足部伤害，但它会影响整体平衡和行走安全，间接增加足部受伤的风险。

（3）足部皮肤问题

长时间在高温环境中工作可能导致足部出汗过多，进而引起皮肤软化、皮疹或其他皮肤感染。此外，高温也可能导致皮肤干燥、开裂，这些状况不仅引起不适，还可能增加感染风险。

（4）脱水和电解质失衡

高温环境下容易导致身体脱水和电解质失衡，这对足部健康尤其重要。脱水可能引起肌肉痉挛，尤其是在腿部和足部，而电解质失衡则可能影响肌肉功能和神经传导，从而影响行走和站立。

（5）热疲劳

长时间在高温下工作可能引发热疲劳，这种状态通常表现为极度疲劳、注意力不集中和协调能力下降。热疲劳不仅影响工作效率，还可能增加工作事故的风险，包括那些可能导致足部受伤的跌倒或摔伤。

（6）鞋底熔化或变形

在极高温度下，不耐热的鞋底材料可能发生熔化或变形，影响鞋子的结构完整性和防护性能。这种变形可能导致步态改变，增加扭伤或滑倒的风险，同时减少了对足部的保护，使其更易受到热源或尖锐物体的伤害。

67. 足部防护用具分为几类？

使用适当的足部防护用具，如安全鞋或专用工作靴，是保障作业场所安全的基本需求。这些防护用具根据特定的风险和工作环境进行设计，不仅可以有效地防止伤害，还能提供必要的支持和舒适性，保障工作效率和健康。无论是在建筑工地、工厂车间，还是在实验室、医疗设施中，选择和正确使用足部防护用具都是确保安全和预防职业伤害的关键步骤。其主要类型有以下几种。

（1）安全鞋、靴

具有加固的鞋头，通常是钢制或复合材料，可以防止脚趾因重物坠落或压碎而受伤。适用于工厂、建筑工地等可能有坠落物的环境。

（2）防穿刺鞋

鞋底加强，通常使用钢板或其他硬质材料，以防止尖锐物体（如钉子、玻璃碎片等）穿透鞋底造成脚部伤害。适用于建筑工地或废物处理场所。

（3）防滑鞋

鞋底设计有特殊的防滑图案和材料，提供额外的摩擦力，防止在湿滑地面上滑倒。适用于餐饮业、医院或其他地面可能湿滑的环境。

（4）耐热鞋、靴

使用耐高温材料，能够承受高温而不熔化或变形。这些鞋、靴可以保护足部免受热源直接接触或热辐射的伤害。适用于铸造厂、焊接作业或任何高温环境。

（5）绝缘鞋

提供电气绝缘，防止电击。这些鞋子通常用非导电材料制成，适合电工或任何涉及电气设备的工作环境。

（6）化学品防护鞋、靴

使用能抵抗化学腐蚀的材料，防止化学物质（如酸、碱、溶剂等）对足部的伤害。适用于化工厂、实验室或处理危险化学物质的场合。

（7）防寒鞋、靴

提供良好的保温效果，防止足部在低温环境中受冻。这些鞋、靴通常具有防水和保温特性，适合在寒冷环境下工作，如冷库、雪地作业。

68. 防护鞋在选择时的注意事项有哪些？

（1）适用性

要根据特定的工作环境和活动类型选择合适的防护鞋，不同的工作环境对鞋子的防护要求不同。例如，建筑工地可能需要防穿刺和防压的安全鞋，而在实验室工作则需要防化学品和防静电的专用鞋。选择适用性强的鞋子可以确保在特定环境中提供最佳的保护。

（2）合适的尺寸

确保选择合适的鞋子。尺寸合适的鞋子不仅舒适，还能更好地保护脚部。过紧的鞋子可能会导致脚部疼痛或受伤，而过松的鞋子可能会使人行走不稳，增加受伤的风险。合适的鞋子有助于保持稳定性和舒适度，从而提高工作效率。

（3）认证标准

选择符合国家标准的防护鞋。认证的鞋子已经经过严格的测试，以确保它们能达到规定的防护水平。这些标准包括耐磨、抗穿刺、电绝缘等方面的测试，购买符合认证标准的鞋子可以确保获得可靠的质量和保护。

（4）材料与制作质量

选择耐用和高质量材料制成的鞋子。防护鞋的质量直接影响其防护效果和使用寿命。高质量的材料如牛皮、特殊合成材料等不仅提供更好的防护，还能延长使用时间。同时，良好的制作工艺也确保了鞋子的整体耐用性和舒适性。

（5）舒适度

确保鞋子提供足够的舒适度。长时间穿着不适的鞋子会导致脚部疲劳，甚至可能长期损害脚部健康。因此，选择具有良好内衬、适当支撑和良好透气性的鞋子非常重要，有助于减轻脚部压力并提高工作效率。

69．防护鞋的使用原则有哪些?

防护鞋不仅是一种个人防护装备，更是确保安全和健康的必需品。其使用原则涵盖了从选择适合特定环境的鞋款，到保持鞋子的适当维护和清洁，以及在鞋子磨损时及时更换等各个方面。正确遵循这些原则不仅能提升个人的安全防护水平，还能提高工作效率和舒适度，保护足部免受伤害。

（1）正确穿着

正确穿着防护鞋是确保其有效性的关键，鞋带应扣紧，以防鞋子在行走或工作中脱落，同时也提供足够的支撑，减少扭伤的风险。

（2）定期检查

定期检查鞋子的完好性，特别是鞋底和防护部分。防护鞋在使用过程中可能会磨损或损坏，影响其防护功能。定期检查有助于及时发现问题并进行更换或修理，确保鞋子始终处于良好状态，提供必要的保护。

（3）清洁与维护

保持鞋子的清洁，并适当维护。脏污可能会损坏鞋子的材料，降低其防护性能，特别是对于需要防水或防化学品的鞋子。定期清洁和适当维护鞋子有助于延长其使用寿命，并保持其防护效果。

（4）正确储存

在干燥通风的地方储存鞋子，避免日晒和高温。不当的存储条件（如过于潮湿或过热的环境）可能会导致鞋子材料的老化，降低鞋子的防护性能。正确的储存有助于保持鞋子的完好，避免不必要的损坏。

（5）及时更换

一旦鞋子出现磨损或损坏，尤其是在关键的防护部位，应及时更换。穿着破损的防护鞋可能无法提供足够的防护，甚至可能增加受伤的风险。及时更换磨损或损坏的鞋子是确保持续防护的重要一步。

70. 哪些作业场所必须穿防护鞋?

在一些工作环境中，防护鞋是必备的个人防护装备，它们的设计能够减轻或避免许多职业安全风险，确保作业人员的脚部安全。

（1）建筑工地

建筑工地经常有高空坠物、尖锐物体、电线和湿滑危险等。在这样的环境中，防护鞋可以有效防止脚部受伤，如防止钢筋、石块等重物直接砸在脚上，或避免踩在尖锐物体上。

（2）工厂与仓库

这些地点常常涉及重型机械和移动重物。防护鞋可以保护劳动者的脚不被重物压伤，同时也可以防止滑倒和坠落物品的伤害。

（3）化学、生物实验室

在处理化学品或生物材料时，防护鞋能防止有害物质溅到脚上，减少化学灼伤或感染的风险。

（4）电力行业

电力行业在作业，特别是处理高电压设备时，穿着绝缘的防护鞋可以防止电击事故，保护作业人员的安全。

（5）采矿业

采矿环境充满了各种危险，包括坠落物、尖锐的岩石和不平的地面。防护鞋在这里可以提供必要的脚部保护，防止受伤。

（6）焊接作业

焊接过程中产生的火花和热金属飞溅可能会落在脚上，导致严重烧伤。穿着耐高温的防护鞋是必要的安全措施。

71. 什么是刺穿伤害？防刺穿鞋有什么功能？

作业场所的堆置物，如机器设备、运输器材的运转以及材料、工具在使用中，可能发生钉子、金属废料或其他尖锐物体刺、割作业人员脚底的危险，其伤害情况与机械外伤相同。接触机械和工具的工种刺、割脚底的现象极为普遍，除了机械行业外，其他行业，如交通运输以及仓储业，都存在类似伤害。

防刺穿鞋是在鞋底上方置入钢片，用于足底保护，防止被各种坚硬物件刺伤，主要适用于采矿、机械、建筑、冶金、采伐、运输等行业。

72. 防静电鞋和导电鞋的主要功能是什么？

防静电鞋和导电鞋都是以消除人体静电为目的的防护鞋。防静电鞋不仅可防止人体静电积聚，而且可以防止因不慎触及250 V工频电所带来的危险。导电鞋不仅可以在尽可能短的时间内消除人体静电，而且可以使人体所带来的静电电压降为最低，但仅用于不会遭到电击的场所。

相关知识

静电是如何产生的，有什么危害？

在作业人员操作过程中，由于某些材料的相对运动、接触与分离等原因，会形成静电。静电不会直接使人致命，但是，静电电压可能高达数万乃至数十万伏，可在现场发生放电，产生静电火花。静电危害事故主要有以下几个方面。

（1）在有爆炸和火灾危险的场所，静电火花会成为可燃性物质的点火源，造成爆炸和火灾事故。

（2）人体因受到静电电击的刺激，可能引发二次事故，如坠落、跌伤等。此外，对静电电击的恐惧心理还会影响工作效率。

（3）某些生产过程中，静电的物理现象会对生产产生妨碍，导致产品质量不良、电子设备损坏，造成生产故障，乃至停工。

73. 防静电鞋和导电鞋的使用注意事项是什么？

（1）防静电鞋和导电鞋都有消除人体静电积聚的作用，可用于易燃易爆作业场所。但两种不同之处是，防静电鞋可以防止 250 V 以下电气设备的电击，而导电鞋则不能用于有电击危险的场所。

（2）防静电鞋虽然有防电击的作用，但禁止当绝缘鞋使用。

（3）穿用防静电鞋和导电鞋时，不应同时穿绝缘的毛料厚袜及绝缘鞋垫。

（4）使用防静电鞋的场所是防静电的地面，使用导电鞋的场所是能导电的地面。

（5）防静电鞋应同时与防静电服配套穿用，还应注意产品清洁、防水、防潮。

（6）防静电鞋和导电鞋在穿用过程中，应对鞋的电阻进行测试。如果电阻值不在规定的范围内，则不能作为防静电或导电鞋继续使用。

相关知识

要注意，穿用防静电鞋或导电鞋时，工作地面必须有导电性，才能接地导走静电，不能用绝缘橡胶板铺地。同时最好穿用导电袜或其他较厚的袜子，以便使人体电荷接触鞋底布料通过鞋底导走。要认清防静电鞋和导电鞋的特殊标志，千万不能作绝缘鞋使用，以免发生危险。

74. 其他类防护鞋的作用是什么？

除了上述的防护鞋，还有针对不同有害因素设计的其他类防护鞋。

（1）高温防护鞋是指在内底与外底之间装有隔热中底，以保护高温作业人员足部在遇到热辐射、飞溅的熔融金属火花或在热物面（一般不超过 300 ℃）上短时间行动时免受烫伤、灼伤的防护鞋。

（2）焊接防护鞋必须耐热、绝缘，且耐磨、防滑，其适用于气割、气焊、电焊及其他焊接作业。

（3）森林防火鞋是要求具有阻燃、防水、防潮和防滑性能的防护鞋。

（4）防振鞋对来自足部的振动起减振作用，预防振动对全身产生的不良影响。振动对人体的影响，主要症状为头痛、头晕、疲劳、瞌睡和背部发痒，胸腹痛，臀部和会阴部痛，虚弱，消瘦，发音不清、不准，注意力分散，姿势平衡障碍，空间定位障碍，操作效率和视觉工作效率明显降低等。

（5）耐油防护鞋可以防止汽油、柴油、机油、煤油等化学油品对足部皮肤的伤害。

（6）灭火防护靴是消防员在灭火作业时用来保护脚部和小腿部免受水浸、外力损伤和热辐射等因素伤害的防护装备。根据材质的不同，消防员灭火防护靴分为灭火防护胶靴和灭火防护皮靴两种。灭火防护靴主要是针对消防特殊要求制作的，具有多功能的防护靴，如抗刺穿性、抗静电性、阻燃性等。

● 相关知识

为什么要使用电绝缘鞋？

电绝缘鞋是能使人的脚与带电物体绝缘，预防电击的防护鞋。

电在当今生产和日常生活中应用非常广泛。除了电力工业的发电厂、电站和供电部门外，各行各业都有带电操作的电工。人体是不良导体，不同部位、不同器官的导电能力和电阻都不一样。皮肤的角质层，在干燥时有较高的电阻值。但一般情况下，当皮肤有出汗和积尘等现象时，会导致电阻值急剧下降。当人体接触带电物体，或处于高压感应区内，或处于跨步电压范围时，若处理不当，会造成触电事故。

电绝缘鞋就是为了防止以上情况发生而设计出来的一种防护鞋。

知识学习

　　生产和生活都离不开电，如果不能正确地认识电、使用电，它就会给我们造成伤害。例如，人体接受过量的电流，可能会造成电击伤；电能转换为热能作用于人体，可使人体烧伤或灼伤；电气设备可产生电磁波，过量的电磁辐射会造成人体机能的损害。

　　当人体的接触电流达到 0.5～1 mA 时，人的手指、手腕会有麻或痛的感觉；当电流增至 8～10 mA 时，针刺感、疼痛感增强，机体发生痉挛，会抓紧带电体，但终能摆脱带电体；当接触电流达到 20～30 mA 时，会使人迅速麻痹，不能摆脱带电体，而且血压升高，呼吸困难；电流超过 50 mA 时，会使人呼吸麻痹，身体震颤，数秒钟后就可使人致死。

八、坠落防护用品的使用

75. 什么是坠落伤害?

根据《高处作业分级》（GB/T 3608—2008）的相关定义，高处作业是指在距坠落高度基准面 2 m 或 2 m 以上有可能坠落的高处进行的作业。根据这一定义，在建筑业中涉及高处作业的范围相当广泛。在建筑物内作业时，若在 2 m 以上进行操作，即为高处作业。高处作业高度在 2 ~ 5 m 时，称为一级高处作业；高处作业高度在 5 ~ 15 m 时，称为二级高处作业；高处作业高度在 15 ~ 30 m 时，称为三级高处作业；高处作业高度在 30 m 以上时，称为特级高处作业。《高处作业分级》（GB/T 3608—2008）中还规定了高处作业的分级标准，指出了直接引起坠落的危险客观因素，可以总结为强风高处作业、异温（高温或低温）高处作业、雪地高处作业、雨天高处作业、夜间高处作业、带电高处作业、悬空高处作业、抢救高处作业。

按照《高处作业分级》规定，高处作业分为四级。

当劳动者在进行高处作业时，如出现从工作面向地面坠落的意外情况，就有可能造成坠落伤害。落地的冲击力若过大，可能对人体产生胸部、腹部、泌尿系统外伤，造成脊椎断裂、肋骨骨折、血胸、气胸、内脏损伤等。这些都称为坠落伤害。

根据《建筑施工高处作业安全技术规范》（JGJ 80—2016）的相关定义，高处作业是指在坠落高度基准面 2 m 及以上有可能坠落的高处进行的作业。

建筑施工的高处作业主要包括临边、洞口、攀登、悬空、操作平台及交叉等作业。

"高处坠落、物体打击、机械伤害、触电、坍塌"这五大伤害严重威胁着建筑施工单位职工的健康和生命安全，而"高处坠落"又被列为建筑施工"五大伤害"之首，事故发生率极高，约占各类事故总数的 50% 以上，危险性极大。

法律知识

根据建筑安装工人安全技术操作规程有关规定，从事高处作业的人员要定期体检，凡患有高血压、心脏病、贫血病、癫痫病以及其他不适合从事高处作业的人员不得从事高处作业。

相关知识

坠落高度基准面是在可能坠落范围内最低处的水平面。可能坠落的范围是以作业位置为中心，可能坠落距离为半径画成的与水平面垂直的柱形空间。

可能坠落范围半径 R，根据高度 h 不同，规定如下：

当高度 h 为 2～5 m 时，半径 R 为 3 m；

当高度 h 为 5～15 m 时，半径 R 为 4 m；

当高度 h 为 15～30 m 时，半径 R 为 5 m；

当高度 h 为 30 m 以上时，半径 R 为 6 m。

高度 h 为作业位置至其底部的垂直距离。

76. 构成坠落的基本要素是哪些？

（1）人的因素（不安全行为）

忽视或违反安全操作规程；作业人员的失误动作；作业人员身体疲劳过度；作业人员身体方面存在某些缺陷。

（2）物的因素（不安全状态、物质条件的不可靠性、不安全性）

设施结构不良，材料强度不够或磨损、老化；物的设置、定位不合要求；外部存在有害物质或危险物；防护用品、用具失效或有缺陷；防护方法不当；作业方法不安全。

（3）环境的因素（环境条件和管理条件）

工艺布置不合理；工作面窄小、场地混乱；作业环境颜色、照明、振动、噪声及温度、通风等的不合理。

（4）管理上的因素

维修工艺流程、操作规程等不合理；对作业人员的培训教育不够，作业人员的安全知识、技术知识或安全意识不够；劳动组织不合理、劳动纪律松弛；对上岗作业前人员的身体状态及心理状态缺乏了解。

相关知识

高处作业有哪些安全管理措施?

（1）凡从事高处作业的人员，应经体检合格，达到法定劳动年龄，具有一定的文化程度，接受安全教育。从事架体搭设、起重机械拆装等高处作业的人员还应取得特种作业人员操作资格证书。

（2）因作业需临时拆除或改变安全防护设施时，必须经有关负责人同意并采取相应的防护措施，作业后应立即恢复。

（3）遇有六级（风速 10.8 m/s）以上强风、浓雾等恶劣气候，不得进行露天高处作业。

（4）高空作业所用材料要堆放平稳，工具应随手放入工具袋（套）内，严禁高处抛掷作业工具、材料等。

（5）严禁跨越或攀登防护栏杆以及脚手架和平台等临时设施的杆件。

（6）雨天和雪天进行高处作业时，必须采取可靠的防滑、防寒和防冻措施，凡水、冰、霜、雪均应及时清除。高处作业者衣着要灵便，禁止穿硬底和带钉、易滑的鞋。

（7）若没有安全防护设施，禁止在屋架的上弦、支撑、桁条、挑架的挑梁和未固定的构件上行走或作业。高处作业时若与地面联系，应设通信装置，并派专人负责。

（8）乘人的外用电梯、吊笼，应有可靠的安全装置。除指派的专业人员外，禁止攀登起重臂、绳索和随同运料的吊篮、吊装物上下。

（9）加强安全巡查。

77. 坠落防护用品中安全带的作用和分类是什么?

安全带一般采用橘红色丙纶带加工而成。安全带是高处作业人员预防坠落的防护用品。

安全带是高处作业人员预防坠落的防护用品。

安全带的作用包括以下几方面。

(1)防止高处坠落

安全带可以牢牢地固定住从事高空作业的人员,避免他们从高处坠落,保护其人身安全。

(2)分散坠落冲击

如果不幸发生坠落,安全带可以分散坠落冲击,减轻坠落时的冲击力,降低坠落造成的伤害程度。

(3)提高工作效率

在高处作业时,如果没有安全带的保护,作业人员的注意力将会分散在自身的安全问题上,从而影响工作效率。使用安全带可以让作业人员更加放心和专注于工作本身，从而提高工作效率。

（4）保障工作质量

安全带的使用可以确保从事高处作业的人员在安全的环境下完成工作，从而避免因为安全问题影响工作质量。

高处作业的安全带主要包括围杆安全带和悬挂攀登安全带两种类型。围杆安全带适用于电工、电信工人、园林工人和其他杆上作业，主要品种有：单腰带式、防下脱式、单带式通用Ⅰ型单腰带式、通用Ⅱ型单腰带式、电信工人单腰带式、牛皮电工安全带等。悬挂攀登安全带适用于建筑、造船、安装、维修、吊装、桥梁、采石、矿山、公路、铁路调车等高处作业，有许多样式，根据结构可分为单腰带式、双背带式和攀登式。

知识学习

安全带还可以分为单腰带式安全带和双吊带式安全带。

单腰带式安全带类型有六种，包括架子工Ⅰ型悬挂安全带、架子工Ⅱ型悬挂安全带、铁路调车工悬挂安全带、电信工悬挂安全带、通用Ⅰ型悬挂安全带、通用Ⅱ型悬挂安全带。

双吊带式安全带有五种，包括通用Ⅰ型悬挂双背带式安全带、通用Ⅱ型悬挂双背带式安全带、通用Ⅲ型悬挂双背带式安全带、一般Ⅳ型悬挂双背带式安全带、全钢丝绳安全带。

78. 安全带的性能要求有哪些？

安全带是防止高处作业人员发生坠落或发生坠落后将作业人员安全悬挂的个体防护装备。不同的作业类型应使用相应的安全带，安全带的结构、材料、配件等都必须满足性能要求，达到在冲击过程中吸收冲击能量、减少作用在人体上的冲击力、预防和减轻冲击事故对人体产生伤害的目的。根据《坠落防护安全带》（GB 6095—2021）的相关规定，安全带应满足以下性能要求。

（1）区域限制用安全带性能要求

1）区域限制安全带各零部件应能承受相应的测试载荷；

2）带扣不应松脱，模拟人不应与系带滑脱；

3）系带不应出现明显的不对称滑移；

4）连接器不应打开，零部件不应断裂；

5）织带或绳在各调节扣内的最大滑移应小于或等于 25 mm。

（2）围杆作业用安全带性能要求

1）带扣不应松脱，模拟人不应与系带滑脱或坠落至地面；

2）连接器不应打开，零部件不应断裂；

3）系带不应出现明显的不对称滑移；

4）模拟人悬吊在空中时模拟人的腋下、大腿内侧不应有金属件；

5）模拟人悬吊在空中时不应有任何部件压迫模拟人的喉部、外生殖器；

6）织带或绳在各调节扣内的最大滑移应小于或等于 25 mm。

（3）坠落悬挂用安全带性能要求

1）带扣不应松脱，模拟人不应与系带滑脱或坠落至地面；

2）连接器不应打开，零部件不应断裂；

3）安全带冲击作用力峰值应小于或等于 6 kN；

4）安全带应标明伸展长度，且伸展长度应小于或等于永久标识中明示的数值；

5）模拟人悬吊在空中时不应出现头朝下的现象；

6）系带不应出现明显不对称滑移或不对称变形；

　　7）模拟人悬吊在空中时其腋下、大腿内侧不应有金属件；

　　8）模拟人悬吊在空中时不应有任何部件压迫其喉部、外生殖器；

　　9）织带或绳在各调节扣内的最大滑移应小于或等于 25 mm；

　　10）如果系带具备坠落指示功能，坠落指示功能应正常显示坠落发生。

　　（4）安全带附加性能

　　1）救援挂点的位置应位于使用者双肩或前胸；

　　2）带扣不应松脱，模拟人不应与系带滑脱或坠落至地面；

　　3）连接器不应打开，零部件不应断裂；

　　4）模拟人悬吊在空中时不应出现头朝下的现象；

　　5）系带不应出现明显不对称滑移或不对称变形；

　　6）模拟人悬吊在空中时其腋下、大腿内侧不应有金属件；

　　7）模拟人悬吊在空中时不应有任何部件压迫其喉部、外生殖器；

　　8）织带或绳在各调节扣内的最大滑移应小于或等于 25 mm；

　　9）安全带中所使用的织带、绳套的材料续燃时间、阴燃时间应小于或等于 2 s，应无熔融、滴落现象；

　　10）安全带中所使用的缝纫线应无熔融和烧焦现象；

　　11）具备防静电性能的安全带中使用的金属零部件应采用静电耗散材料包裹，金属材料及附件不应外露；

　　12）安全带中使用的织带、绳套的材料点对点电阻应在 $1 \times 10^5 \ \Omega \sim 1 \times 10^{11} \ \Omega$；

　　13）安全带中使用的织带绳及金属零部件的断裂应力下降率应小于或等于 30%。

79. 安全带在使用时的注意事项有哪些？

　　高处作业环境中，重叠交叉作业非常多，无数事例证明，安全带是"救命带"。因此，要从思想上重视安全带的使用。在使用安全带时应注意以下事项。

（1）高处作业如安全带无固定拴挂处，应采用适当强度的钢丝绳或采取其他方法。禁止把安全带挂在移动或带尖锐棱角或不牢固的物件上。

（2）安全带要拴挂在牢固的构件或物体上，要防止摆动或碰撞，绳子不能打结使用，钩子要挂在连接环上。

（3）高挂低用。将安全带挂在高处，人在下面工作称为高挂低用。这是一种比较安全合理的科学拴挂方法，可以使坠落发生时的实际冲击距离减小。架子工单腰安全带一般使用短绳比较安全。如需使用长绳，可以选用双背式安全带比较安全。悬挂安全带不得低挂，应高挂低用或水平悬挂。

（4）应当检查安全带是否经质检部门检验合格，在使用前应仔细检查各部分构件是否完好无损。

（5）使用安全带时，围杆绳上要有保护套，不允许在地面上拖着绳走，以免损伤绳套影响主绳。使用安全绳时不允许打结并且在安全绳的使用过程中不能随意将绳子加长，这样有潜在的危险。

（6）作业时应将安全带的钩、环牢固地挂在系留点上，卡好各个卡子并关好保险装置，以防脱落。

（7）低温环境中使用安全带时应注意防止安全绳变硬割裂。

80.　安全带在选用和保管养护方面应该注意哪些问题？

（1）安全带选用的注意事项

安全带的选用可以根据安全带的分类进行，安全带按作业类型可分为三类，分别是围杆作业用安全带、区域限制用安全带和坠落悬挂用安全带。

1）围杆作业用安全带是通过围绕在固定构造物上的绳或带将人体绑定在固定构造物附近，使作业人员的双手可以进行其他操作的安全带。适用于需要工作定位的各高处作业工种，如电线杆作业工、建筑工等。

2）区域限制用安全带是用限制作业人员的活动范围，避免其到达可能发生坠落区域的安全带，此种类型的安全带是在没有坠落风险的前提下使用的。既可以是定位腰带，也可以是其他类型的安全带。

3）坠落悬挂用安全带是指高处作业或登高人员发生坠落时，将作业人员安全悬挂的安全带。

（2）安全带保管养护的注意事项

安全带在使用时不仅需要根据作业类型进行选用，做好检查工作，掌握正确的使用方法，还要掌握保管养护知识，以确保安全带的可靠性和安全性。

1）安全带绳保护套要保持完好，以防带绳磨损。若发现保护套损坏或脱落，必须加上新套后再使用。

2）安全带严禁擅自接长使用，不得私自拆换安全带上的各种配件，更换新件时，应选择合格的配件。如果使用 3 m 及以上的长绳时，应考虑补充措施，如在绳上加缓冲器、自锁钩或速差式自控器等。缓冲器、自锁钩或速差式自控器可以单独使用也可以联合使用。

3）安全带不使用时要妥善保管，不可接触高温、明火、强酸、强碱或尖锐物体，不要存放在潮湿的仓库中保管。在使用后，要注意维护和保管。要经常检查安全带缝制部分和挂钩部分，必须详细检查捻线是否发生裂断和残损等。

4）安全带在使用两年后抽检一次，频繁使用应经常进行外观检查，发现异常必须立即更换。定期或抽样试验用过的安全带，不得继续使用。

81. 安全网在选用、使用时有哪些注意事项?

（1）安全网的选用

安全网由网体、边绳、系绳和试验绳组成，一般用锦纶或维纶纵横交叉编结而成，其规格为 3 m×6 m。选用安全网时可按其功能进行选择，安全网按功能可分为安全平网、安全立网及密目式安全立网。

1）安全平网是指安装平面不垂直于水平面，用来防止人、物坠落，或用来避免、减轻坠落及物击伤害的安全网，简称为平网。

2）安全立网是指安装平面垂直于水平面，用来防止人、物坠落，或用来避免、减轻坠落及物击伤害的安全网，简称为立网。

3）密目式安全立网是指网眼孔径不大于 12 mm，垂直于水平面安装，用于阻挡人员、视线、自然风、飞溅及失控小物体的网，简称为密目网。一般由网体、开眼环扣、边绳和附加系绳组成。按照适用场所的不同，密目网可分为以下两种：A级密目式安全立网，在有坠落风险的场所使用的密目式安全立网，简称为A级密目网；B级密目式安全立网，在没有坠落风险或配合安全立网（护栏）完成坠落保护功能的密目式安全立网，简称为B级密目网。

（2）安全网的使用

安全网可用于各种建筑施工场所，特别是高层建筑施工，能有效地防止人身、物体的坠落伤害，防止电焊火花引起的火灾，达到文明施工、保护环境、美化城市的效果。安全网在使用时应避免以下现象的发生：

1）随意拆除安全网的部件；

2）人员跳入或将物体投入安全网内；

3）在安全网内或下方堆积物品；

4）安全网周围有严重的腐蚀性烟雾存在；

5）大量焊接或其他火星落入安全网内；

6）网身或支撑架出现严重变形和磨损，连接部位有松脱现象。

对使用中的安全网，应进行定期或不定期的检查，当网体受到化学品的污染或网绳嵌入粗砂粒或其他可能引起磨损的异物时，须进行清洗；当受到较大冲击时，应及时更换。

82. 如何正确安装安全网？

安装安全网时必须对网、支杆、横杆、锚固点等进行检查，在确认没有疑问时才能进行装置。安全网按其使用目的不同，安装形式也不同。应按以下要求正确安装安全网。

（1）安装时要检查安全网的标识与自己所选用的网是否符

合，检查网体是否存在影响使用的缺陷，检查支撑物是否有足够的强度、刚性和稳定性，并且系结安全网的地方应无尖锐的边缘。

（2）安全网上的每根系绳都应与支架系结，四周边绳（边缘）应与支架贴紧，系结应符合打结方便、连接牢固又容易解开，工作中受力后不会散脱的原则，有筋绳的安全网安装时还应把筋绳连接在支架上。

（3）安装密目网时，网上的每个环扣都必须穿入符合规定的纤维绳，允许使用强力或其他性能不低于标准规定的其他绳索（如钢丝绳或金属线）代替，系绳绑在支撑物（或架子上）时应符合打结方便、连接牢固、易于拆卸的原则。

（4）平网网面不宜绷得过紧，当网面与作业高度大于 5 m 时，其伸出长度应大于 4 m；当网面与作业面高度差小于 5 m 时，其伸出长度应大于 3 m。平网与下方物体表面的最小距离应不小于 3 m，两层网间距不得超过 10 m。

（5）立网网面应垂直安装，并与作业面边缘最大间隙不超过 10 cm。

（6）安装后的安全网应经专人检验后，方可使用。

83. 如何正确选用和使用安全绳？

安全绳是在高处作业时用于保护人员和物品安全的绳索，包括合成纤维绳、麻绳、钢丝绳。一般在施工、安装、维修等高处作业中与安全带配合使用，适用于外线电工、建筑工人、电信工人等工种。

（1）安全绳的选用

不同类型的安全绳要求不同。

1）水平安全绳是用于在钢架上水平移动作业的安全绳。要求较小伸长率和较高的滑动率，一般采用钢丝绳注塑，便于安全挂钩在绳子上能轻松移动。钢丝内芯 9.3 mm 或 11 mm，注塑后外径 11 mm 或 13 mm。广泛应用于火力发电工程的钢架安装，以及钢结构工程的安装和维修。

2）垂直安全绳是用于垂直上下移动的保护绳。配合攀登自锁器使用，编织和绞制的都可以，但必须达到国家规定的拉力强度，绳子的直径在 16~18 mm。

3）消防安全绳用于高楼逃生。有编织和绞制两种，要求结实、轻便、外表美观，绳子直径在 14~16 mm，一头带扣和保险卡锁。拉力强度必须达到国家标准。长度根据用户需求定制。广泛用于现代高层、小高层建筑住户。

4）外墙清洗绳分主绳和副绳。主绳用于悬挂清洗座板，副绳（辅助绳）用于防止意外坠落。主绳直径在 18~20 mm，要求绳子结实、不松捻、拉力强度高。副绳直径在 14~18 mm，标准与其他安全绳标准相同。

（2）安全绳的使用

正确使用安全绳对高处作业等作业人员十分重要。

1）使用安全绳前应注意检查以下方面：是否有切口；是否有磨损或磨损后落下的碎屑；是否有拉长、带子可能性能下降的迹象；是否因与热、腐蚀物或溶剂接触而发生损伤；是否因腐烂、发霉或紫外线辐射暴露而变质。

2）手扶水平安全绳仅作为高处作业特殊情况下，作业人员行走时的扶绳，严禁作安全带悬挂点使用。应经常检查安全绳固定端或固定点是否有松动现象，是否有损伤和腐蚀、断股现象。

3）水平安全绳两端应固定在牢固可靠的构架上，在构架上缠绕不得少于两圈，与构架棱角处相接触时应加衬垫。

4）水平安全绳端部固定连接应使用绳卡（也叫作夹头），绳卡压板应在水平安全绳长头的一端，绳卡数量应不少于 3 个，绳卡间距不应小于水平安全绳直径的 6 倍；安全夹头安装在距最后一只夹头约 500 mm 处，应将绳头放出一段安全弯后再与主绳夹紧。

5）水平安全绳固定高度应为 1.1~1.4 m，每间隔 2 m 应设一个固定支撑点，水平安全绳固定后弧垂应为 10~30 mm。

6）禁止使用麻绳作为安全绳。

7）使用 3 m 以上的长绳要加缓冲器。

8）一条安全绳不能两人同时使用。

84. 安全绳应该如何维护与保养？

安全绳作为个体防护装备，在使用时应达到保护从业人员安全的目的。因此，在日常使用或存放过程中应当进行维护与保养。

（1）使用时不能使安全绳受到超负荷的冲击或载荷，否则会出现断股，甚至断绳的危险。

（2）平时应存放在干燥通风处，以防霉变。

（3）使用后翻洗。浸水后应及时放在通风干燥处阴干或晒干，切忌长时间日晒。

（4）勤检查。如发现绳索磨损较大或有绳索股数磨断 1/2 以上时，应立即停止使用。

（5）使用者应定期做负重检查，如无断股或破损，方可继续使用。

（6）在保管时，应该避免安全绳与尖利物品接触。如沾有酸碱物质时，应立即冲洗干净并晾干。

（7）每条安全绳应有其使用记录。在每次使用后做简明扼要的记录。

（8）使用绳子时，不要接触地面，绝对禁止踩绳子。最好放在可以完全摊平的绳袋上，以减少砂石进入绳子里慢慢地割断绳皮或绳芯纤维的机会。

（9）尽量避免将绳子拉过粗糙或不平的地面。

（10）不要将两根绳子挂进同一个钩环，因为摩擦对绳子伤害很大。

（11）每次使用后要用手检查绳子，感受绳子上的异常处。

九、手部防护用品的使用

85. 防护手套有什么作用？

防护手套的种类繁多，除可防化学品外，还有防切割、电绝缘、防水、防寒、防热辐射和耐火阻燃等功能。一般的耐酸碱手套与防化学品的防护手套并非完全等同，由于许多化学品相对手套材质具有不同的渗透能力，所以需要时应选择具有防各类化学品渗透的防护手套。

依据防护手套的特性，参考可能的接触机会，选用适当的手套，应考虑化学品的存在状态（如气态、液态）和浓度以确定该手套能抵御的浓度。如由天然橡胶制造的手套可防护一般低浓度的无机酸，但不能抵御浓硝酸及浓硫酸。橡胶手套对病原微生物、放射性尘埃有良好的阻断作用。

防护手套的作用主要有以下几点：①防止火与高温、低温的伤害；②防止电磁与电离辐射的伤害；③防止电、化学物质的伤害；④防止撞击、切割、擦伤、微生物侵害及感染。

防护手套分无衬里和有衬里防护手套。无衬里防护手套具有优异的触感，使佩戴者的双手工作灵活。有衬里防护手套（衬里一般为针织，手套加上衬里后提高了结构强度），可以更好地防割、切、刺穿，但触感不如无衬里手套。

86. 选用防护手套的注意事项有哪些？

使用防护手套前，首先应了解不同种类手套的防护作用和使用要求，以便在作业时正确选择。切不可把一般场合用的手套当作专用防护手套来使用。在某些场合中，所有防护手套都应佩戴合适，避免手套指端过长，容易被机械绞或卷住，使手部受伤。不同的防护手套有其特定的用途和性能，在实际工作中一定要结合作业情况来正确使用，以防护手部安全。

以下是在选用防护手套时的几点具体注意事项。

（1）普通操作应佩戴防机械伤手套，可用帆布、绒布、粗纱手套，以防丝扣、尖锐物体、毛刺、工具咬痕等伤手。

（2）在有明火、易散发火花的场所，以及在熔融金属附近操作和有易燃物质并有发火危险的场所，如焊接，窑炉等，都需要佩戴具有阻燃性能的手套。

（3）存在电击伤害的场所，应选用电绝缘手套，且电绝缘手套的电压等级应与作业场所的电压等级相匹配。

（4）冬季应佩戴防寒棉手套，对导热油、三甘醇等高温部位操作也应使用棉手套。

（5）接触甲醇时必须佩戴防毒乳胶或橡胶手套。

（6）加电解液或打开电瓶盖要使用耐酸碱手套，注意防止电解液溅到衣物上或身体其他裸露部位。

（7）焊割作业时应佩戴焊工手套，以防焊渣、熔渣等烧坏衣袖、烫伤手臂。

（8）备用耐火阻燃手套，用于救火减灾。

（9）被凝析油、汽油、柴油等轻质油品浸湿的手套，使用完毕应特别注意及时清洗油污，同时禁止佩戴此类手套抽烟、点火、烤火等，以防点燃手套。

（10）操作旋转机床时禁止戴手套作业。

87. 防护手套都应有哪些标志标识与使用说明？

防护手套产品应该具备相应的标志标识用以证明其合格性和有效性，同时应该印有从业人员应该具备的基本防护手套使用说明。

（1）防护手套都应有的标志标识

1）防护手套商标、生产商或代理商的说明。

2）防护手套的名称（商业名称或代码，以便使用者了解生产商和适用范围）。

3）大小型号。

4）如有必要，应标注有效期。

（2）防护手套的外包装应具备的使用说明

1）生产商和代理商的全名称及地址。

2）防护手套标志标识中的1）、2）、4）项的信息。

3）防护手套只能防护以下危害时，在外包装上要标注"仅防最低危害"。

①仅影响皮肤表面的机械工作（园艺防护手套等）。

②轻腐蚀性并易消除影响的（清洁剂防护手套等）。

③操作灼热工作时，操作者暴露在不超过50 ℃的高温危害环境及危险冲击环境下。

④既非异常又非极端的自然大气条件（季节性服装）。

88．防护手套可以防止的常见伤害有哪些？

施工作业现场大部分操作都需要人工完成，人的双手与机器接触时，更需要做好安全防护，因此防护手套是必不可少的。防护手套可以防止的常见伤害如下。

（1）外伤性创伤手部伤害

由于机械原因造成对骨骼、肌肉或组织、结构的伤害，从严重的断指、骨裂到轻微的皮肉伤害等。如使用带尖锐部件的工具，操纵某些带刀、尖等的大型机械或仪器，会造成手的割伤等；处理、使用锭子、钉子、起子、凿子、钢丝等会刺伤手；手被卷进机械中会扭伤、压伤甚至轧掉手指等。

（2）接触性皮炎等对手部皮肤的伤害

这类伤害造成的原因是长期接触酸、碱的水溶液，洗涤剂，消毒剂等，或接触到毒性较强的化学、生物物质，遭受电击、低温冻伤、高温烫伤、火焰烧伤等。轻者造成皮肤干燥、起皮、刺痒，重者出现红肿、水疱、疱疹、结疤等。

（3）手持振动工具造成的慢性伤害

因长期操纵手持振动工具会出现手臂抖动综合征、白指症等，如油锯、凿岩机、电锤、风镐等造成的伤害。手随着工具长时间振动，特别是在湿、冷的环境下，还会造成对血液循环系统的伤害，从而发生白指症。白指症是指由于血液循环不好，手变得苍白、麻木等。如果伤害到感觉神经，手对温度的敏感度就会降低，触觉失灵，甚至会造成永久性的麻木。

89. 如何对防护手套进行保管与维护？

和其他防护用品一样，防护手套必须按规定进行保管与维护，以保证其能够保持防护功能。防护手套的保养与维护的注意事项如下所示。

（1）橡胶、塑料等类防护手套在使用后应将其冲洗干净，并晾干。保存时应避免高温，并在制品上撒上滑石粉，以防止其粘连。

（2）对具有特殊功能的手套，如电工绝缘手套，必须定期检验其电绝缘性能，检验后不符合规定的不能使用。

（3）接触强氧化剂如硝酸、铬酸等，因强氧化作用容易造成产品发脆、变色、早期损坏。高浓度的强氧化剂甚至会引起烧损，所以在保存过程中需特别注意。

（4）建议将手套存放在干燥、避光、室温的环境中。当有大量化学物质残留时，请用适当溶剂清洗，但需避免使用腐蚀性清洗液，洗后应充分晾干。

相关链接

　　防护手套使用前后应进行检查，出现下列情形应立即报废处理，及时更换新的防护手套：

　　（1）超过产品说明书规定的有效使用期限或存储期限；

　　（2）渗透、僵硬、洞眼；

　　（3）裂痕、严重磨损；

　　（4）缝合处开裂；

　　（5）进行定期检验后，防护性能不符合国家现行标准要求；

　　（6）变形、烧焦、融化或发泡；

（7）发黏或发脆。

防护手套的使用年限是和使用环境密切相关的，如果使用环境恶劣，防护手套会缩短使用期限，这时一定要及时更换防护手套，避免出现意外。

十、听力防护用品的使用

90. 什么是噪声？噪声会对人体造成什么听觉伤害？

（1）噪声的定义

从物理学的观点出发，噪声就是各种不同频率和强度的声音无规律的杂乱组合。

从生物学的观点出发，凡是使人烦躁的、讨厌的、不需要的声音都称为噪声。

（2）噪声对人体的听觉伤害

1）暂时性听阈位移是指人或动物接触噪声后引起听阈变化，脱离噪声环境后经过一段时间听力可恢复到原有水平。根据变化程度不同可分为听觉适应和听觉疲劳。

①听觉适应是指短时间暴露在强烈噪声环境中，感觉声音刺耳、不适，停止接触后，听觉器官敏感性下降，脱离接触后对外界的声音有"小"或"远"的感觉，听力检查听阈可提高 10~15 dB（A），离开噪声环境 1 min 之内可以恢复。

②听觉疲劳是指较长时间停留在强烈噪声环境中，引起听力明显下降，离开噪声环境后，听阈提高超过 15~30 dB（A），需要数小时甚至数十小时听力才能恢复。

2）永久性听阈位移是指噪声引起的不能恢复到正常水平的听阈升高。根据损伤的程度，永久性听阈位移又分为听力损伤和噪声性耳聋。

①听力损伤。此时患者主观无耳聋感觉，交谈和社交活动能正常进行。

②噪声性耳聋是人们在工作过程中，由于长期接触噪声而发生的一种进行性的感音性听觉损伤。早期损伤主要在高频范

围内，国际标准化组织（ISO）确定听力损失 25 dB（A）为耳聋的标准。

3）爆震性耳聋是指由于突发性的极强声音或爆炸引起的急性听力损伤。通常，这种损伤会导致听觉系统的临时或永久性损伤，具体取决于声音的强度和暴露的时间。在某些生产条件下，如进行爆破，由于防护不当或缺乏必要的防护设备，可因强烈爆炸所产生的振动波造成急性听觉系统的严重外伤，引起听觉丧失，称为爆震性耳聋。根据损伤程度不同可出现鼓膜破裂、听骨破坏、内耳组织出血，甚至同时伴有脑震荡。患者的主要症状有耳鸣、耳痛、恶心、呕吐、眩晕，听力检查严重障碍或完全丧失。爆震性耳聋通常与瞬时的极强声音有关，而永久性听阈位移更侧重于长时间或重复的噪声暴露。然而，在一些情况下，强烈的爆震声音也可能导致永久性听阈位移。

📖 知识学习

噪声性耳聋为我国法定的职业病，其诊断的依据有：强噪声的职业接触史、耳鸣症状和自觉听力下降及电测听的听力下降资料、结合工作现场的卫生学资料、排除其他致聋原因（中耳炎、药物、老年聋、外伤等）。人耳正常听力普通交谈在 55~65 dB（A），个别可低至 15 dB（A），一般认为听力损失在 25~40 dB（A）为轻度耳聋，40~55 dB（A）为中度耳聋，70~90 dB（A）为重度，90 dB（A）以上为极端耳聋。

91. 常用的听觉防护用品有哪些？各有什么特征？

听觉保护的器具主要有两大类：第一类是放置于耳道内的耳塞，用于阻止声能进入；第二类是置于外耳外的耳罩，限制声能通过外耳进入耳鼓、中耳和内耳。需要注意的是，这两种保护器具均不能阻止相当一部分的声能通过头部传导到听觉器官。

（1）耳塞

可以置放在耳道内，用树脂泡沫材料或者橡胶等制成，用完即可丢弃。也有一些种类的耳塞是可以重复使用的，但是必须注意工业卫生。为此，在使用后要特别注意耳塞的清洁问题。另外，也要注意耳塞和使用者的耳道是否匹配。虽然耳塞有好几种不同的尺寸，但要由经过考核的人员来决定佩戴者应使用的尺寸。因为每个人的耳道大小不一，所以要用不同尺寸的耳塞。

它的特点是体积小，便于携带，但容易丢失（可以选择带线耳塞加以解决）；不妨碍其他防护用品的佩戴；在湿热环境，长时间佩戴耳塞比耳罩舒适；佩戴耳塞需要一定的技巧，使用人员需要经过培训；泡棉耳塞需要用手揉搓，不适合平时手脏的人使用。

（2）耳罩

由可以盖住耳朵的套子和放在人脑上来定位的带子组成。套子通常装有树脂塑胶泡沫材料，达到把耳朵密封起来的效果。套子里充填了吸声材料。耳罩的密封性取决于耳罩的设计、密封的方法及佩戴的松紧程度。耳罩具有较大的橡胶垫和深表壳，能够有效隔离噪声，保护听觉器官。耳罩适用于噪声较大的工作环境，如建筑工地、机械制造工厂等。

它的特点是佩戴方法比耳塞简单，佩戴位置稳定；体积大，有可能会与其他防护用品（如安全帽、眼镜、呼吸器等）产生冲突；户外、寒冷作业人员使用可同时起到保暖效果；使用寿命较长，平时需要维护与保养。

92. 在选用听觉防护用品时，不同产品的降噪效果有何区别？

包耳式噪声防护耳罩是通过隔声壳体复合吸声密封柔性垫层制作成耳套，以包围耳朵的方式隔绝外界噪声。这种方式由于是外部隔音，相对有足够的空间供隔音耳罩的设计，以达到较好的隔音和密封性，隔音效果有保障。缺点是体积大、不轻便、不适合在较为炎热的天气使用。

入耳式隔音耳塞则是通过吸隔声弹性材料，制作成耳塞填充耳道，从而实现隔声的效果。根据耳塞的材质不同，大致可分为硅胶和聚氨酯两类。选用尺寸合适的耳套和耳塞，在正确佩戴的情况下，可以实现明显阻断外界噪声的降噪效果。入耳式耳塞的缺点是由于深入耳道，长期使用会产生摩擦胀痛感，不时还会出现听诊器效应。

不管是包耳式耳罩，还是入耳式耳塞，都采用的是被动降噪技术，通过阻隔密封的方式降噪。对于中高频噪声效果比较好，但是对于中低频噪声，由于其穿透性很强的特点，效果则比较差。而中低频噪声对人体的刺激性是最强的，这就是为什么中低频噪声即使声音很小，却让人无法接受的原因。

与被动降噪技术相对应的是主动降噪技术，主动降噪耳机便是这种技术的重要应用产品。主动降噪耳机中通过内置的电子降噪系统，来实现更出色的降噪效果。电子降噪系统主要由拾音器（手机环境噪声）、处理芯片（分析噪声）、扬声器（产生反响声波）、电源系统（提供电力）几部分组成。在采集环境噪声后，通过处理芯片进行分析，然后产生与外界噪声相等的反向声波，将噪声中和，从而实现降噪的效果。在声学中，实现这种技术的原理叫"相消干涉"。但主动降噪耳机市场鱼龙混杂，产品参差不齐，价格变化幅度很大。根据产品质量的不同，会出现不同程度的缺陷，比如风噪、耳压、电流爆音等，另外由于不可避免的信号延迟，以及外界环境的复杂变化，主动降噪耳机的降噪效果也并不是很完美。

综合而言，各种听觉防护用品有各自的特色，要想发挥最好的降噪效果，还是要看使用的场景。

🌐 相关链接

根据《工业企业厂界环境噪声排放标准》（GB 12348—2008）的规定，工业企业厂界环境噪声根据不同时段和厂界外声环境功能区类别不得超过相应的排放限值，具体如下。

0类声环境功能区：昼间限值50 dB（A），夜间限值40 dB（A）。

1类声环境功能区：昼间限值55 dB（A），夜间限值45 dB（A）。

2类声环境功能区：昼间限值60 dB（A），夜间限值50 dB（A）。

3类声环境功能区：昼间限值65 dB（A），夜间限值55 dB（A）。

4类声环境功能区：昼间限值70 dB（A），夜间限值55 dB（A）。

其中上述各类功能区具体为：0类声环境功能区是指康复疗养区等特别需要安静的区域；1类声环境功能区是指以居民住宅、医疗卫生、文化教育、科研设计、行政办公为主要功能，需要保持安静的区域；2类声环境功能区是指以商业金融、集市贸易为主要功能，或者居住、商业、工业混杂，需要维护住宅安静的区域；

3类声环境功能区是指以工业生产、仓储物流为主要功能，需要防止工业噪声对周围环境产生严重影响的区域；4类声环境功能区是指交通干线两侧一定距离之内，需要防止交通噪声对周围环境产生严重影响的区域。

93. 怎样正确使用和保管听觉防护用品？

（1）耳塞的正确使用

1）各种耳塞在使用时，要先将耳廓向上提拉，使耳甲腔呈平直状态，然后手持耳塞柄，将耳塞帽体部分轻轻推向外耳道内，并尽可能地使耳塞体与耳甲腔相贴合。但不要用力过猛、过急或插得太深，以自我感觉适度为度。

2）戴后感到隔声不良时，可将耳塞稍微缓慢转动，调整到效果最佳位置为止。如果经反复调整仍然效果不佳时，应考虑改用其他型号、规格的耳塞试用，以选择最佳者定型使用。

3）耳塞在使用后应放入盒子内，以免受热、挤压而变形。不能与油类及酸碱接触，用完后要用肥皂清洗并晾干，橡胶耳塞可以撒少许滑石粉，以防变质。

4）佩戴硅橡胶自行成型的耳塞，应分清左右耳塞，不能弄错。放入耳道时，要将耳塞转动放正位置，使之紧贴耳甲腔内。

5）佩戴泡沫塑料耳塞时，应将圆柱体搓成锥形体后再塞入耳道，让塞体自行回弹，充满耳道。

（2）耳罩的正确使用

1）将连接弓架放在头顶适当位置，尽量使耳罩软垫圈与周围皮肤相互密合。如不合适时，应移动耳罩或弓架，调整到合适位置为止。

2）在使用耳罩时，应先检查罩壳有无裂纹和漏气现象，佩戴时应注意罩壳的方向，顺着耳廓的形状戴好。

3）耳塞或耳罩软垫使用后需用肥皂、清水清洗干净，晾干后再收藏备用。橡胶制品应防热变形，同时撒上滑石粉储存。

4）无论使用耳罩还是耳塞，均应在进入有噪声车间前戴好，在噪声区不得随意摘下，以免伤害耳膜。如确需摘下，应在休息时或离开后，到安静处取出耳塞或摘下耳罩。

（3）正确的保管方法

1）耳塞在使用后，不能水洗的耳塞，在脏污、破损时应废弃，更换新的；能水洗、可重复使用的耳塞，要用消毒液、酒精等进行清洁后再保管（一次性使用的听觉防护用品除外），破损或变形时应更换；耳塞清洗后，应放置在通风处自然晾干，不可暴晒。

2）耳罩在使用后，耳罩垫圈可用布蘸肥皂水擦拭干净，不能将整个耳罩浸泡到水中，尽可能不要接触化学物质；耳罩垫圈长期使用后会老化或破损，应根据制造商的建议适时更换配件；耳罩头带变松后，将不能很好密合，需更换新耳罩；在清洁、干燥的环境中储存，避免阳光直晒。

94. 易燃易爆作业场所防护用品选用的注意事项有哪些?

易燃易爆作业场所防护是指作业环境中存在易燃易爆物，容易因人为因素而发生燃烧爆炸事故，除应建立健全严格的管理操作制度外，还必须为作业人员及作业现场选用一些防护用品，以从个体自身进行防护。

易燃易爆作业场所防护用品选用的注意事项主要有以下几点。

（1）应选用防静电的防护用品，如防静电服、防静电工作帽、防静电手套等，不选用纯化纤的防护用品。

（2）应选用阻燃、抗熔融的防护服装，并应配备必要的不产生纯氧的呼吸护具。

（3）在易燃易爆场所应安装防爆设备，并设置灭火器具。

（4）应选用相关的监测检测仪器设备，及时监测、检测并控制作业场所燃烧物的浓度，防止燃烧爆炸事故的发生。

（5）应选用防化面具，用来保护呼吸系统免受有害气体、蒸气、粉尘和颗粒物的侵害。防化面具采用特种材料制作而成，具有良好的过滤性能和密封性能，可根据工作环境的要求选择适合的类型。适用装备如自吸过滤式防毒面具、自吸过滤式防颗粒物呼吸器、职业面部防护具等。

（6）应选用防爆眼镜，用来保护眼睛免受火焰、爆炸或其他碎片的侵害，防爆眼镜采用高强度材料制作而成，具有防伤害、耐热、抗冲击等特点。防爆眼镜防护效果好，适用于易燃易爆易烧等危险场所的工作人员佩戴。

95. 高温作业场所防护用品选用的注意事项有哪些?

（1）应选择佩戴降温或液冷头盔、通风降温铝箔隔热安全帽、带风机的安全帽、防晒伞帽等。高温作业人员的工作服应选用结实、耐热、导热系数小、透气性好的面料。并根据不同作业的需求，发放工作帽、防护眼镜、面罩、手套、鞋套、护腿等劳动防护用品。如高炉作业工种，须佩戴隔热面罩和穿着隔热、通风性能优良的防热服。

（2）应选择穿着降温背心或铝箔布隔热服、降温服等。

（3）可以为作业人员提供含盐 0.1%～0.2% 的饮料或凉茶、冰绿豆粥等。及时为生产现场提供防暑饮品，以防发生中暑。

（4）在高温抢修时可选用冷却防热服，起到对人体冷却降温，防止中暑，提高工作效率的综合作用。

📖知识学习

　　冷却防热服用于救护人员在高温地区工作时，有使救护人员免受高温危害和提高工作效率的作用。普通冷却防热服由冰衣和冰袋组成。冰衣有三层：内层为尼龙编织物，中层为隔热聚酯毡，外层为镀铝玻璃纤维服。其袖口、领口和胸带是由加宽编织物制成的，可以使上身严密不透气。冰袋用组扣扣在冰衣的内层胸前和背部，由 44 个隔离的冰槽组成。根据作业环境温度的不同，一般可以使用 1～2 h。